植物多组学解读系列成果

茶饼病微生物组与激素代谢组联合分析

梅　鑫　周小露　崔宝禄　主编

中国轻工业出版社

图书在版编目（CIP）数据

茶饼病微生物组与激素代谢组联合分析 / 梅鑫，周小露，崔宝禄主编. -- 北京：中国轻工业出版社，2025. 1

ISBN 978-7-5184-4131-0

Ⅰ. ①茶… Ⅱ. ①梅… ②周… ③崔… Ⅲ. ①茶饼病-病原细菌 Ⅳ. ①S432. 4

中国版本图书馆 CIP 数据核字（2022）第 167454 号

责任编辑：贾　磊　　责任终审：劳国强
文字编辑：王彩缘　　责任校对：朱燕春　　封面设计：锋尚设计
策划编辑：贾　磊　　版式设计：砚祥志远　　责任监印：张京华

出版发行：中国轻工业出版社（北京鲁谷东街 5 号，邮编：100040）
印　　刷：三河市国英印务有限公司
经　　销：各地新华书店
版　　次：2025 年 1 月第 1 版第 1 次印刷
开　　本：710×1000　1/16　印张：8. 75
字　　数：310 千字
书　　号：ISBN 978-7-5184-4131-0　定价：98. 00 元
邮购电话：010-85119873
发行电话：010-85119832　010-85119912
网　　址：http://www. chlip. com. cn
Email: club@chlip. com. cn

211317K8X101ZBW

本书编写人员

主　编

梅　鑫(黔南民族师范学院)

周小露(贵州医科大学)

崔宝禄(九江学院)

副主编

刘丽明(梧州职业学院)

王　芬(黔南民族师范学院)

李　静(黔南民族师范学院)

参　编

木　仁(黔南民族师范学院)

马　媛(黔南民族师范学院)

王佳菜(黔西南州农业林业科学研究院)

吴兴利(贵州省三都水族自治县九阡镇农业农村综合服务中心)

李东旭(贵州省湄潭县中等职业学校)

莫莉利(贵州省三都水族自治县农业农村局农业产业发展服务中心)

陈崇俊(贵州省湄潭县中等职业学校)

周爽爽(黔南民族师范学院)

管俊岭(广东科贸职业学院)

胡榴虹(黔南民族师范学院)

格根图雅(黔南民族师范学院)

王　顺(贵州省思南县茶桑技术推广中心)

史芳源(广东省英德市农业技术推广中心)

李兴春(贵州省罗甸县边阳第二中学)

陈应会(重庆市经贸中等专业学校)

陈彦峰(广东科贸职业学院)
彭功明(云南中茶茶业有限公司)
赵盼盼(贵州省兴仁市鲁础营回族乡鲁础营民族中学)

前　言

PREFACE

贵州省委、省政府加快发展特色优势产业战略部署,着力推进贵州省茶产业的转型升级。然而,茶饼病是制约贵州地区茶叶产量和品质的主要病害之一,包括作为中国历史十大名茶的都匀毛尖,其茶叶原料也深受此病影响。目前贵州茶叶产量居全国之首,还为其他地区的茶叶加工供应原料,这得益于贵州优良的气候条件和绿色无污染的生态环境。为了保护环境和安全生产,对茶树病虫害只能采用生态防治的措施。因此,首先必须了解茶饼病的危害情况、形成原理及对茶叶产量和品质的影响机制。

茶饼病又称为疱状叶枯病、叶肿病,主要为害茶树嫩叶、新梢,常见于低温、多雾、高湿、阴雨的茶区。它由一种专性寄生真菌外担子引起,通过气载担孢子传播,即便处于病害阈值水平(≤35%)之下,也可严重影响茶叶产量和品质。

本书主要内容包括:茶树茶饼病的感病过程、变化、茶饼病防治等研究进展;与开展茶饼病研究相关的基因组学、真菌内转录间隔区(internal transcribed spacer,ITS)测序、代谢组学、植物激素分析及相关组学的联合分析等生物信息技术的介绍;茶树感染茶饼病过程中的微生物组(通过ITS测定真菌物种多样性)分析报告的解读,包括真菌物种注释、丰度展示、样本比较和功能预测等;茶树感染茶饼病过程中的植物激素代谢报告的解读;茶树感染茶饼病过程中的微生物组与植物激素代谢的联合分析等报告的解读。

本书将都匀毛尖的主产区中受茶饼病危害的茶叶作为研究对象,通过不同感病期、不同茶树品种、不同保护剂等的鉴定,探明茶饼病发病过程、茶树抗病品种和适宜的杀菌药剂;通过对茶饼病病原菌的分离鉴定、病原菌的基因序列分析、茶叶感病后的转录组和代谢组分析,解析当地茶饼病的主要菌株和茶叶感病后的响应机制。在整个研究过程中,为了与国际研究接轨,涉及较多英文的分析方法和文献资料。为使读者清晰地了解英文分析方法,特提供英文示例以供读者拓展阅读(英文示例展示在二维码中)。经上述调查研究后,本书对都匀毛尖主产区的茶饼病有较系统的介绍，对提升贵州地区茶叶的产量和品质提供一定的借鉴。

本书获得以下项目资助：国家自然科学基金项目(31960605、32160727)；贵州省科学技术厅项目(黔科合支撑〔2019〕2377 号、黔科合基础-ZK〔2022〕一般 5488、黔科合基础-ZK〔2021〕一般 167、黔科合 LH 字〔2014〕7428、黔科合基础〔2019〕1298 号)；贵州省教育厅项目(黔农育专字〔2017〕016 号、黔教合 KY 字〔2017〕336、黔教高发〔2015〕337 号、黔教合人才团队字〔2015〕68、黔学位合字 ZDXK〔2016〕23 号、黔教合 KY 字〔2016〕020、黔教合 KY 字〔2020〕193、黔教合 KY 字〔2022〕089、黔教合 KY 字〔2020〕071、黔教合 KY 字〔2020〕070、黔教合人才团队字〔2014〕45 号、黔教合 KY 字〔2014〕227 号、黔教合 KY 字〔2015〕477 号)；贵州省原卫生厅项目(GZWKJ2012-2-017)；黔南州科学技术局项目(黔南科合〔2018〕14 号、黔南科合学科建设农字〔2018〕6 号、黔南科合〔2018〕13 号)；黔南民族师范学院科研项目(2017XJG0811、2020QNSYRC08、QNSY2018BS019、QNSY2018PT001、QNSYZW1802、QNYSKYTD2018011、QNSYK201605、2019XJG0303、2018XJG0520、QNYSKYTD2018006、QNYSXXK2018005、QNSY2020XK09、QNYSKYTD2018004、QNSY2018001、QNSY2018PT005)。此外，特别感谢武汉迈维代谢生物科技股份有限公司、贵州省灵峰科技产业园有限公司、贵州碧竖科技(集团)有限公司对本书中样品采集、检测分析等给予的大力支持。

目 录

CONTENTS

第一章　茶树茶饼病概述

茶饼病(Tea Blister Blight),又名叶肿病、疱状叶枯病,常为害茶树的嫩叶、新梢,在中国、印度、泰国、印度尼西亚、日本、斯里兰卡、韩国等国家有广泛的发生和危害(Nagao,2012;Kwon et al. ,2003;Singh et al. ,2016;Singh et al. ,2019;Sinniah et al. ,2016);其由专性寄生真菌坏损外担菌(*Exobasidium vexans*)引起,通过气载担孢子传播,即便处于病害阈值水平(≤35%)之下,也可严重影响茶叶产量和品质(Singh et al. ,2018;Premkumar et al. ,2008)。

E. vexans 是茶树中最具破坏性的叶面病原之一(Sharma et al. ,2007),是担子菌门、外担菌纲、外担菌目、外担菌科、外担菌属真菌;室内培养 20~30d 形成菌落(Graafland,1952),感染初期菌丝为圆形,白色,天鹅绒状,病害叶正面乳白色,背面茶黄色(谭荣荣等,2015)。担孢子常见于病斑表面,贴附在小梗上,且易从小梗上剥离。担孢子一般含 1 个分隔,萌发时期含 3 个分隔(Gadd,1948),且长出芽管,并膨大形成附着胞。

E. vexans 主要感染茶树嫩叶、嫩茎(Premkumar et al. ,2008),茶饼病常发生在低温、高湿、阴雨、多雾的茶区(陈宗懋等,2013;Mabbett,2016);空气温度、湿度、降雨量以及光照等会影响病原侵染程度及孢子萌发过程(Mohktar et al. ,2019;Fauziyah et al. ,2018),其发病强度随着降雨量和湿度的增加而增加,随着环境温度的升高而降低(Rezamela et al. ,2016),在 20~25℃、相对湿度 80% 或 90% 条件下的露水或雨水中有利于担孢子的萌发。在适宜条件下,*E. vexans* 病原可在茶树上完成多个世代的繁殖(Premkumar et al. ,2008),一个世代需 11~28d(Ram,1961)。

第一节 茶树茶饼病的感病过程

病原菌 *E. vexans* 在茶树中的分布以叶面海绵组织为主，从侵染到感茶饼病的时间为 20d，分为接触期、侵染期、潜育期和发病期。在接触期，病斑的直径为 3~6mm；在侵染期，病斑逐渐扩大，叶片正面凹陷，叶背变暗或灰白；在潜育期，产生大量的担孢子，在叶背上形成纯白色的绒毛；在发病期，病叶呈现褐色、干燥、溃疡的形态，病斑的扩散受限，组织细胞对宿主的抵抗使养分消耗殆尽，细胞死亡。综上所述，在感病期 2~3 期，菌丝和担孢子均有较多的萌发，随着养分的逐渐消耗，菌丝、担孢子活力下降，海绵组织接近死亡（赵晓珍等，2018；Barman et al.，2020）。

病原菌 *E. vexans* 对茶树的影响是一个连续而复杂的过程，它能诱导或抑制许多基因的表达，并使其与抗病有关的转录因子大量活化，并在单萜合成、卟啉和叶绿素代谢、核糖体、氮代谢、二萜合成、植物与病原体相互作用等途径中均有明显的富集（孙云南等，2020）。*E. vexans* 侵染的不同阶段对致病相关蛋白（PR）基因［几丁质酶（*CsCHIT*）、葡聚糖酶（*CsGLUC*）、苯丙氨酸解氨酶（*CsPAL*）］、类黄酮途径和抗氧化酶［过氧化物酶（peroxidase，POD）、抗坏血酸过氧化物酶（ascorbate peroxidase，APX）、超氧化物歧化酶（superoxide dismutase，SOD）］有不同的影响，表明活性氧、木质素、类黄酮、花青素等化合物在茶树品种中可能起到抗菌或抗真菌作用（Nisha et al.，2018）。

茶饼病对茶树重要的代谢途径中的重要基因表达水平有重要影响，包括次生代谢物的合成、内质网蛋白质的加工、植物病原的相互作用、激素信号传导途径、淀粉和蔗糖的代谢等（龙亚芹等，2020），其中抗病蛋白基因、转录因子基因、植物激素及其信号转导基因、水解酶基因等，对茶树的防御或抗性反应有直接或间接的影响（Bhorali et al.，2012）。

第二节 茶树感染茶饼病后的生物化学变化

茶树受到病害侵袭时，感病后常见的变化主要包括酶活性的改变、多酚类物质的变化以及氨基酸的变化等。

一、酶活性变化

植物酶系统中调控活性氧动态平衡相对稳定的关键酶有苯丙氨酸解氨酶

(phenylalanine ammonia lyase, PAL)、过氧化氢酶(catalase from micrococcus lysodeiktic, CAT)、超氧化物歧化酶、多酚氧化酶(polyphenol oxidase, PPO)和过氧化物酶。其中过氧化氢酶与植物抗逆性密切相关,超氧化物歧化酶能增强植株的抗逆能力,降低逆境对植株的伤害。

几丁质酶是一种主要存在于昆虫外骨骼和真菌细胞壁上的能使几丁质降解的酶。茶树中含有 49 种几丁质酶,65% 的几丁质酶的启动子上游含有茉莉酸甲酯、水杨酸和防御敏感的顺式作用元件(Bordoloi et al. ,2021)。

E. vexans 侵染茶树的过程中,过氧化氢酶、过氧化物酶、多酚氧化酶、谷胱甘肽还原酶的活性呈无规律变化,抗坏血酸过氧化物酶和抗坏血酸氧化酶(ascorbate oxidase, AAO)的活性很低,均视为未检出(冉隆珣等,2021),而几丁质酶(TEA018892、TEA031484、TEA28279、TEA033470 和 TEA031277)的表达显著增加(Bordoloi et al. ,2021)。几丁质酶基因(Singh et al. ,2019;Singh et al. ,2015)和内切-1,3-β-D-葡聚糖酶基因(Singh et al. ,2018)的组成性表达形成超敏反应区,参与信号转导和病原识别(Singh et al. ,2019),可激活苯丙氨酸酶等防御酶的活性。

将马铃薯Ⅰ类几丁质酶(AF153195)和豇豆防御素(AY437639)基因分别构建农杆菌转化质粒 pCAMBIA 1301-Chi 和 pBI121-Def,这两个基因各自或共同转入茶树后的结果表明,单独转入几丁质酶基因对茶树外担菌(*Exobasidium vexans*)具有最好的抗病性,超敏区的直径最小(7.05mm)(Singh et al,2019)。

有研究采用硫酸铵沉淀法、透析法和凝胶过滤层析法从茶树中提取纯化了Ⅰ类几丁质酶,并进行茶树坏损外担菌(*E. vexans*)和茶疫霉(*Pestalotiopsis theae*)的抑菌活性验证试验,分离到全长 1181bp 的 cDNA——*CsCHIT-1*(Mandal et al. ,2013),其过表达有望通过转基因的方法提高农作物的生物胁迫耐受性。

二、多酚类物质变化

在感病初期,叶片中甲基黄嘌呤、咖啡因和可可碱的含量增加,从而防御真菌攻击,进一步导致原花青素立体异构从 2,3-反式(如儿茶素和没食子酸)向 2,3-顺式(如表儿茶素和表没食子儿茶素)转移(Punyasiri et al. ,2004),表儿茶素和表没食子儿茶素的含量减少,但相应的没食子酸酯类的含量增加。

在感病中期,*E. vexans* 扰乱防御信号,促进茶树病害的发展。在这个阶段中,槲皮素、山柰酚葡萄糖苷、山柰酚三糖苷等抗氧化剂含量增加,芹菜素、杨梅苷、咖啡因等抗菌化合物含量大幅下降,水杨酸和茉莉酸等重要防御激素的含量也降低(Mur et al. ,2015),且表儿茶素和表没食子儿茶素的含量下降,但并不显著。

在感病后期,水杨酸和茉莉酸信号通路被激活(Jayaswall et al. ,2016),诱导抗菌化合物的合成，抵御 *E. vexans* 侵染。在这个阶段，茶树体内几丁质酶、β-1,3-葡聚糖酶、过氧化物酶、苯丙氨酸解氨酶和多酚氧化酶等防御酶的积累增加（Sharma et al.,2007），且原花青素可能在防御机制中发挥作用，表儿茶素、表没食子儿茶素及其酯类因氧化解聚形成花青素和飞燕草苷而减少（Punyasiri et al.,2005）。

三、氨基酸变化

不同抗性品种的茶树健康叶片中游离氨基酸的种类和含量存在一定的差别，其中浓度最高的是茶氨酸，而γ-氨基丁酸、甲硫氨酸、胱氨酸浓度次之，感染茶饼病后，氨基酸总量有所提高（Shan et al.,2017）。例如，抗性强的"紫鹃"，其叶片中游离氨基酸含量及多样性降低，而γ-氨基丁酸含量升高；中抗品种"云抗 10 号"，其叶片中游离氨基酸的含量及多样性均有所提高；感病品种"福祥 1 号"叶片中的氨基酸含量未见明显改变，而γ-氨基丁酸、茶氨酸、赖氨酸、色氨酸、精氨酸含量则有所降低。

第三节　茶树茶饼病的防治

茶饼病发生的时期、程度与环境条件、品种、栽培管理等因素有关，选择和推广抗病品种是防治茶饼病较为有效的措施，普及冬季封园、遵循合理采摘、加强茶园管理是防治茶饼病的重要措施（冉隆珣等，2021）。

药剂防治在茶饼病的发生初期进行，注意化学农药的用量，过量使用会产生药害、残留效应。采用良好的栽培和农艺措施，使用杀菌剂和微生物生防剂、植物防御诱导剂以及部署抗病品种等茶园管理干预措施，能够有效减轻真菌病害对茶树造成的损害（Pandey et al.,2021）。目前，保护剂和杀菌剂的应用在防治茶饼病方面取得了良好的效果，且微生物生防剂的应用越来越受到重视（Sen et al.,2020）。

一、推广高抗种

抗病品种的苯丙氨酸解氨酶活性大多高于感病品种，而超氧化物歧化酶活性显著低于感病品种，苯丙氨酸解氨酶和超氧化物歧化酶的活性变化均与抗病性显著相关（冉隆珣等，2021）。Hazra 对茶饼病感病品种 Bannockburn-157（B-157）和抗性品种 Ambei-Valai-2（AV-2）进行研究，结果表明在 AV-2 品种中，儿茶酚氧化酶、酸性磷酸酶、过氧化物酶和超氧化物歧化酶的含量均高于 B-157 品种

(Hazra et al. ,2018),且 AV-2 品种产生总酚、原花青素、总可溶性蛋白等植物次生代谢产物较多,具有防御病害发生的功能。

Punyasiri 等研究发现,抗病品种的(-)-表儿茶素含量显著高于感病品种,而(-)-表没食子儿茶素没食子酸酯含量则相反,且紫化茶树品种的高抗性也归因于高水平花青素提供的额外儿茶素来源(Punyasiri et al. ,2005)。

CsWRKY14 有助于水杨酸(Salicylic acid,SA)浓度的增加并激活 SA 诱导的抗病原体相关基因的表达水平,可作为茶树抗泡枯病育种的有效遗传资源(Liu et al. ,2021)。与感病品种龙井长叶相比,抗性品种中茶 108 中 *CsWRKY14* 的表达更高,且内源性 SA 水平和 SA 信号通路相关基因(*NPR1*、*PR1*、*PR2* 和 *PR4*)的表达均较高,H_2O_2 积累较少,抗氧化酶活性较高。

EST-SSR 073 序列可作为抗性(tri2043)品种的分子标记,其蛋白的编码基因表现为碱基 CT 的重复序列延伸,且 C 端截短导致在模拟的三维蛋白质结构中形成与光系统Ⅰ亚基蛋白(Photosystem Ⅰ subunit protein,PsaDⅠ)和光系统Ⅰ的其他亚基相互作用的氢键(Karunarathna et al. ,2020)。利用茶饼病的 F1 群体分离得到标记性状的关联,通过片段分析检测等位基因得到诊断标记 EST-SSR 073,其与茶树光系统Ⅰ反应中心Ⅱ亚基相匹配,可有效地用于茶树抗茶饼病育种(Karunarathna et al. ,2020)。

二、使用保护剂

氯化钙可作为一种潜在的诱导子用于有机茶栽培病害的综合防治(Chandra et al. ,2014)。感染初期施用 1% 氯化钙,诱导酚类物质及过氧化物酶、多酚氧化酶、苯丙氨酸解氨酶、β-1,3-葡聚糖酶等防御酶的积累,增加一氧化氮(NO)等防御分子的含量,使病害抑制率高达 71%。

叶面喷施 0.01% 壳聚糖溶液 15d,激活一氧化氮信号,可能在不影响不同防御相关酶的诱导表达和总酚含量的情况下,触发对茶饼病等茶树病原菌有效的天然防御反应中起着关键作用,降低了茶饼病的发病率(Chandra et al. ,2017)。

三、使用杀菌剂

杀菌剂 Nativo 75 WG(三氟菌酯 25% +戊唑醇 50%)125g/hm^2 对水疱病的防治效果为 60%(Thakur et al. ,2011),且即使在较高浓度的杀菌剂处理下,幼嫩的可摘枝条也未观察到黄化、坏死和外生现象(Thakur et al. ,2015)。

在可湿性粉剂中添加 1.5% 的白首乌类植物性杀菌剂,经 4 次施用后,对茶饼病的防治效果与 0.03% 标准化学杀菌剂相当,平均达 31.29%(Rayati,2012)。

四、施用微生物制剂

在重病(病情指数大于50%)条件下,施用红酵母或堆肥茶可有效抑制茶叶水疱病发生,抑制率达22%(Rayati,2011),且通气堆肥茶的有效抑制水平(42.9%)高于非通气堆肥茶(29.5%);而施用拮抗真菌(黄萎病菌2kg/hm^2)、营养素(含2%的纤维素酶+1%的尿素)、拮抗真菌-营养素(黄萎病菌2kg/hm^2+2%的纤维素酶+1%的尿素)等非化学防治方法处理,以及丝状真菌[黄萎病菌和JD(未鉴定)]和细菌[枯草芽孢杆菌和B5(未鉴定)]等拮抗微生物处理均不能抑制病害的发生,甚至铜化学杀菌剂作为标准处理也不再有效(Rayati,2011)。

Fauziah等(Fauziah et al.,2016;Fauziah et al.,2019)以本地代码为Azoto Ⅱ-1、Endo-5和Endo-76的微生物进行苗圃试验,结果表明,Azoto Ⅱ-1(75%)+Endo-5(25%)组合能抑制茶树茶饼病的发病强度(1.27%),株高、茎粗、叶片数、根长和根体积分别为15.32cm、3.38cm、8片、18.25cm和2.37cm^3。

采用喷施荧光假单胞菌——*Pseudomonas fluorescens Pf1*(Saravanakumar et al.,2007),以及转导马铃薯Ⅰ型几丁质酶基因(Singh et al.,2019;Singh et al.,2015)和内切-1,3-β-D-葡聚糖酶基因(Singh et al.,2018)的组成性表达形成超敏反应区,激活苯丙氨酸酶等防御酶的活性,诱导茶树系统抗性(ISR),有效降低了茶饼病的发病率,显著提高了茶叶产量。

与化学杀菌剂(氯氧化铜和六唑)相比,炭疽杆菌BMO-111及其培养滤液能有效抑制各种植物病原真菌的菌丝生长,108CFU/mL的施用量对茶饼病有较好的防治效果,能显著降低茶树的发病率并提高茶叶的叶绿素、多酚和儿茶素等生化指标(Sowndhararajan et al.,2013)。

参考文献

[1] NAGAO H. Effect of aqueous vitamin B on the growth of blister blight pathogen, *Exobasidium vexans*[J]. Songklanakarin Journal of Science and Technology, 2012, 34(6): 601-606.

[2] KWON J H, JEONG S G, PARK C S. Blister blight of tea (*Thea sinensis*) caused by *Exobasidium vexans* in Korea[J]. Research in Plant Disease, 2003, 9(4): 209-212.

[3] SINGH M, CHOUBEY M, SINGH M, et al. Evaluation of plant extracts for controlling of blister blight in tea of Darjeeling[J]. Assam Review and Tea News, 2016, 105(1): 20-23.

[4] SINGH H R, HAZARIKA P, DEKA M, et al. Study of *Agrobacterium*-mediated co-transformation of tea for blister blight disease resistance[J]. Journal of Plant Biochemistry and Biotechnology, 2020, 29(1): 24-35.

[5] SINNIAH G D, KUMARA K L W, KARUNAJEEWA D G N P, et al. Development of an assessment

key and techniques for field screening of tea (*Camellia sinensis* L.) cultivars for resistance to blister blight[J]. Crop Protection, 2016, 79: 143-149.

[6] SINGH H R, HAZARIKA P, AGARWALA N, et al. Transgenic tea over-expressing *Solanum tuberosum* endo-1, 3-beta-D-glucanase gene conferred resistance against blister blight disease [J]. Plant Molecular Biology Reporter, 2018, 36(1): 107-122.

[7] PREMKUMAR R, PONMURUGAN P, MANIAN S. Growth and photosynthetic and biochemical responses of tea cultivars to blister blight infection[J]. Photosynthetica, 2008, 46(1): 135-138.

[8] SHARMA M, CHAKRABORTY B. Biochemical and immunological characterization of defense related proteins of tea plants triggered by *Exobasidium vexans*[J]. Journal of Mycology and Plant Pathology, 2007, 34(3): 742-760.

[9] GRAAFLAND W. Four species of *Exobasidium* in pure culture[J]. Acta Botanica Neerlandica, 1953, 1(4): 516-522.

[10] 谭荣荣, 毛迎新, 龚自明. 茶饼病的发生规律及病原菌的生物学特性研究[J]. 湖北农业科学, 2015, 54(20): 5027-5030.

[11] GADD C H. The basidiospores of *Exobasidium vexans*[J]. Transactions of the British Mycological Society, 1948, 31(3-4): 229-233.

[12] 陈宗懋, 孙晓玲. 茶树主要病虫害简明识别手册[M]. 北京: 中国农业出版社, 2013.

[13] MABBETT D T. Epidemiology and control of blister blight disease on tea[J]. Arab World Agribusiness, 2016, 32(2): 14-17.

[14] MOHKTAR N, NAGAO H. Histological description of *Exobasidium vexans* infection on tea leaves (*Camellia sinensis*)[J]. Songklanakarin Journal of Science and Technology, 2019, 41(5): 1021-1028.

[15] FAUZIYAH N, HADISUTRISNO B, PRIYATMOJO A. Waktu pemencaran dan pengaruh jenis air terhadap perkecambahan basidiospora *Exobasidium vexans*, penyebab penyakit cacar daun teh [J]. Jurnal Perlindungan Tanaman Indonesia, 2018, 1(1): 66-71.

[16] REZAMELA E, FAUZIAH F, DALIMOENTHE S L. The effect of drought period on attack intensity of *Empoasca* sp and blister blight in Gambung tea plantation[J]. Jurnal Penelitian Teh dan Kina, 2016, 19(2): 22302.

[17] RAM C S V. Application of nickel chloride to Tea plants (*Camellia sinensis*) and control of blister blight[J]. Current Science, 1961, 30(2): 57-58.

[18] 赵晓珍, 王勇, 任亚峰, 等. 茶饼病病原——*Exobasidium vexans* 侵染茶树叶片过程的形态学观察[J]. 中国农学通报, 2018, 34(5): 117-122.

[19] BARMAN A, NATH A, THAKUR D. Identification and characterization of fungi associated with blister blight lesions of tea (*Camellia sinensis* L. Kuntze) isolated from Meghalaya, India [J]. Microbiological Research, 2020, 240: 126561.

[20] 孙云南, 许燕, 冉隆珣, 等. 茶树叶片响应茶饼病侵染的转录组分析[J]. 茶叶科学, 2020, 40(1): 113-124.

[21] NISHA S N A, PRABU G A B, MANDAL A K A A. Biochemical and molecular studies on the resistance mechanisms in tea [*Camellia sinensis* (L.) O. Kuntze] against blister blight disease

[J]. Physiology and Molecular Biology of Plants,2018,24(5):867-880.

[22]龙亚芹,冉隆珣,夏丽飞,等. 茶饼病诱导感、抗茶树品种的基因表达谱分析[J]. 分子植物育种,2021,19(18):6020-6034.

[23]BHORALI P,GOHAIN B,GUPTA S,et al. Molecular analysis and expression profiling of blister blight defense-related genes in tea[J]. Indian Journal of Genetics & Plant Breeding,2012,72(2):226-233.

[24]BORDOLOI K S,KRISHNATREYA D B,BARUAH P M,et al. Genome-wide identification and expression profiling of chitinase genes in tea [*Camellia sinensis* (L.) O. Kuntze] under biotic stress conditions[J]. Physiology and Molecular Biology of Plants,2021,27(2):369-385.

[25]冉隆珣,肖星,殷丽琼,等. 不同茶树品种感染茶饼病后酶活性的变化[J]. 江苏农业科学,2021,49(5):107-110.

[26]SINGH H R,DEKA M,DAS S. Enhanced resistance to blister blight in transgenic tea [*Camellia sinensis*(L.)O. Kuntze] by overexpression of class Ⅰ chitinase gene from potato (*Solanum tuberosum*)[J]. Functional & Integrative Genomics,2015,15(4):461-480.

[27]SINGH G,SETH R,PARMAR R,et al. Functional annotation and characterization of hypothetical protein involved in blister blight tolerance in tea [*Camellia sinensis* (L) O. Kuntze][J]. Journal of Plant Biochemistry and Biotechnology,2019,28(4):447-459.

[28]SINGH H R,HAZARIKA P,DEKA M. Study of Agrobacterium-mediated co-transformation of tea for blister blight disease resistance[J]. Journal of Plant Biochemistry and Biotechnology,2019,29(1):1-12.

[29]MANDAL A K A,PRABU G R,ARVINTH S,et al. Purification and molecular characterization of chitinase from tea leaves[*Camellia sinensis* (L.) O. Kuntze][J]. Assam Review and Tea News,2013,112(8):12-18.

[30]PUNYASIRI P A N,TANNER G J,ABEYSINGHE I S B,et al. *Exobasidium vexans* infection of *Camellia sinensis* increased 2,3-*cis* isomerisation and gallate esterification of proanthocyanidins[J]. Phytochemistry,2004,65(22):2987-2994.

[31]MUR L A J,HAUCK B,WINTERS A,et al. The development of tea blister caused by *Exobasidium vexans* in tea [*Camellia sinensis*] correlates with the reduced accumulation of some antimicrobial metabolites and the defence signals salicylic and jasmonic acids[J]. Plant Pathology,2015,64(6):1471-1483.

[32]JAYASWALL K,MAHAJAN P,SINGH G,et al. Transcriptome analysis reveals candidate genes involved in blister blight defense in tea [*Camellia sinensis* (L) Kuntze][J]. Scientific Reports,2016,6(1):30412.

[33]PUNYASIRI P A N,ABEYSINGHE I S B,KUMAR V. Preformed and induced chemical resistance of tea leaf against *Exobasidium vexans* infection[J]. Journal of Chemical Ecology,2005,31(6):1315-1324.

[34]SHAN Z G,ZHANG C H,MAN H P,et al. Effects of *Exobasidium vexans* Massee on free amino acid composition and content of *Camellia sinensis* (Linn) var. *assamica* (Masters) Kitamura [J]. Modern Food Science and Technology,2017,33(5):240-246,318.

[35]冉隆珣,肖星,殷丽琼,等. 云南主产茶区茶树茶饼病发生时空研究[J]. 西南农业学报,2021,34(3):554-557.

[36]PANDEY A K,SINNIAH G D,BABU A,et al. How the global tea industry copes up with fungal diseases-challenges and opportunities[J]. Plant disease,2021,105(7):1868-1879.

[37]SEN S, RAI M, DAS D, et al. Blister blight a threatened problem in tea industry: A review [J]. Journal of King Saud University - Science,2020,32(8):3265-3272.

[38]HAZRA A,DASGUPTA N,SENGUPTA C,et al. On some biochemical physiognomies of two common Darjeeling tea cultivars in relation to blister blight disease[J]. Archives of Phytopathology & Plant Protection,2018,51(17-18):915-926.

[39]LIU S Y,ZHANG Q Q,GUAN C F,et al. Transcription factor WRKY14 mediates resistance of tea plants [*Camellia sinensis* (L.) O. Kuntze] to blister blight[J]. Physiological and Molecular Plant Pathology,2021,115:101667.

[40]KARUNARATHNA K H T,SENATHILAKE N H K S,MEWAN K M,et al. In silico structural homology modelling of EST073 motif coding protein of tea *Camellia sinensis* (L)[J]. Journal of Genetic Engineering and Biotechnology,2020,18(1):1-10.

[41]KARUNARATHNA K H T,MEWAN K M,WEERASENA O V D S,et al. A functional molecular marker for detecting blister blight disease resistance in tea (*Camellia sinensis* L.)[J]. Plant cell reports,2020,40(2):351-359.

[42]CHANDRA S,CHAKRABORTY N,CHAKRABORTY A,et al. Induction of defence response against blister blight by calcium chloride in tea[J]. Archives of Phytopathology and Plant Protection,2014,47(19):2400-2409.

[43]CHANDRA S,CHAKRABORTY N,PANDA K,et al. Chitosan-induced immunity in *Camellia sinensis* (L.) O. Kuntze against blister blight disease is mediated by nitric-oxide. [J]. Plant physiology and biochemistry,2017,115:298-307.

[44]THAKUR B R,MASAND S. Evaluation of Nativo 75 WG (trifloxystrobin 25% + tebuconazole 50%) against blister blight of tea[J]. Plant Disease Research,2011,26(2):194.

[45]THAKUR B R,Masand S. Efficacy of Nativo 75 WG against blister blight in tea[*Camellia sinensis* (L.) O. Kuntze][J]. Himachal Journal of Agricultural Research,2015,41(1):86-88.

[46]RAYATI D J. The effectiveness of the formulation of *Leucaena leucocephala*-based botanical fungicides on blister blight disease (*Exobasidium vexans* Massee) on tea plant[J]. Jurnal Penelitian Teh dan Kina,2012,15(1):11-20.

[47]RAYATI D J. The effectiveness of various biological control agents on blister blight disease (*Exobasidium vexans* Massee) on tea[J]. Jurnal Penelitian Teh dan Kina,2011,14(1):8-15.

[48]RAYATI D J. Various non-chemical control methods: their effectiveness on blister blight disease (*Exobasidium vexans* Massee) on tea[J]. Jurnal Penelitian Teh dan Kina,2011,14(2):47-58.

[49]FAUZIAH F,SETIAWATI M R,SUSILOWATI D N,et al. Potency of tea plant indigenous microbe on plant growth and to against blister blight disease (*Exobasidium vexans* Massee)[J]. Jurnal Penelitian Teh dan Kina,2016,19(1):115-124.

[50]FAUZIAH F,SETIAWATI M R,PRANOTO E,et al. Effect of indigenous microbes on growth and

blister blight disease of tea plant [J] . Journal of Plant Protection Research, 2019, 59 (4): 529-534.

[51] SARAVANAKUMAR D, VIJAYAKUMAR C, KUMAR N, et al. PGPR-induced defense responses in the tea plant against blister blight disease[J]. Crop Protection, 2007, 26(4): 556-565.

[52] SOWNDHARARAJAN K, MARIMUTHU S, MANIAN S. Integrated control of blister blight disease in tea using the biocontrol agent *Ochrobactrum anthropi* strain BMO-111 with chemical fungicides[J]. Journal of Applied Microbiology, 2013, 114(5): 1491-1499.

第二章　茶树茶饼病生物信息学技术

为了阐明茶树感染茶饼病后不同感染程度微生物的变化，以及茶树响应茶饼病产生代谢物的变化，生物信息学技术发挥着重要作用。其中，基因组学技术可用于探究茶树基因组在感染茶饼病过程中的变化，代谢组学技术则有助于检测茶树在感染茶饼病后代谢物的变化。

第一节　基因组学技术

在分子生物学和遗传学领域，对于细胞生物而言，基因组是指生物体细胞内所有的DNA（脱氧核糖核酸）的总和，包括编码DNA和非编码DNA、线粒体DNA和叶绿体DNA。在茶树茶饼病的研究中，基因组学技术有着广泛的应用。

一、常见基因组学技术

（一）扩增子测序

扩增子测序，即通过特定长度的聚合酶链反应（polymerase chain reaction，PCR）产物或捕获的片段进行测序，对序列中存在的变异进行分析见图2-1。16S/18S/ITS等扩增子测序即通过提取环境样品的DNA，选择合适的通用引物扩增16S/18S/ITS的目标区域，通过检测目标区域的序列变异和丰度，研究环境微生物多样性和群落组成的差异。

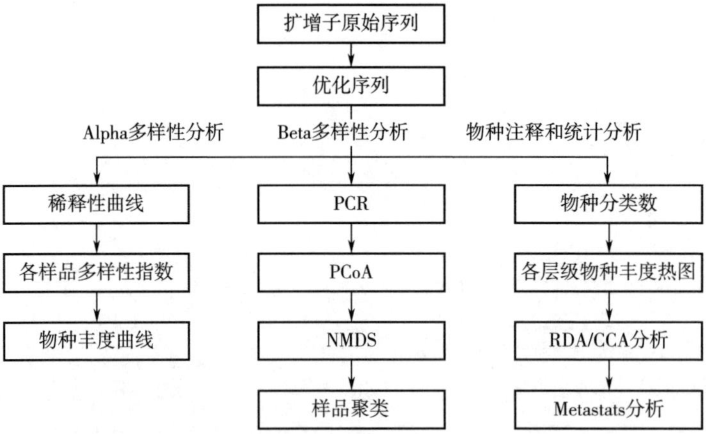

PCR—聚合酶链反应；PCoA—主坐标分析；NMDS—无度量多维标定法；
RDA—冗余分析；CCA—典型相关分析；Metastats—组间群落差异显著性分析。

图 2-1　扩增子测序及分析流程

（二）Hi-C 技术

乔布·德克尔（Job Dekker）研究组于 2009 年开发了染色质构象捕捉技术（Hi-C 技术），该技术能捕获全基因组范围的染色质相互作用。其原理基于将线性距离远、空间结构近的 DNA 片段进行交联，并将交联的 DNA 片段富集，接着进行高通量测序，对测序数据分析可以揭示染色质的远程相互作用，从而推导出基因组的三维空间结构和可能的基因之间的调控关系（图 2-2）（Lin et al.，2018）。DLO Hi-C 技术是一种新的染色体构象捕获技术，此技术信噪比高，质量控制于早期，为解析基因组三维结构提供了一种新型、高效、经济的研究方法。Hi-C 技术还可以与转录组测序技术等融合后进行多组学联合分析获得构象变化原因及其产生的生物学事件（图 2-3）。

（三）单细胞测序

单细胞全基因组测序技术是在单细胞水平对全基因组进行扩增和测序的新技术。其原理是将分离的单个细胞的微量全基因组 DNA 进行扩增，获得高覆盖率的完整基因组，再进行高通量测序。该技术用于揭示细胞群体差异和细胞进化关系（图 2-4）。

从方法学角度来看，获得高覆盖率、高保真性的全基因组扩增产物是准确全面测序结果的保障。相较于以往的非线性或指数型扩增方法，由哈佛大学谢晓亮院士发明的多次退火环状循环扩增技术（multiple annealing and looping-based amplification cycles，MALBAC）在扩增覆盖度、均一性及灵敏度方面有很大提高，是目前单细胞扩增领域的最先进技术。

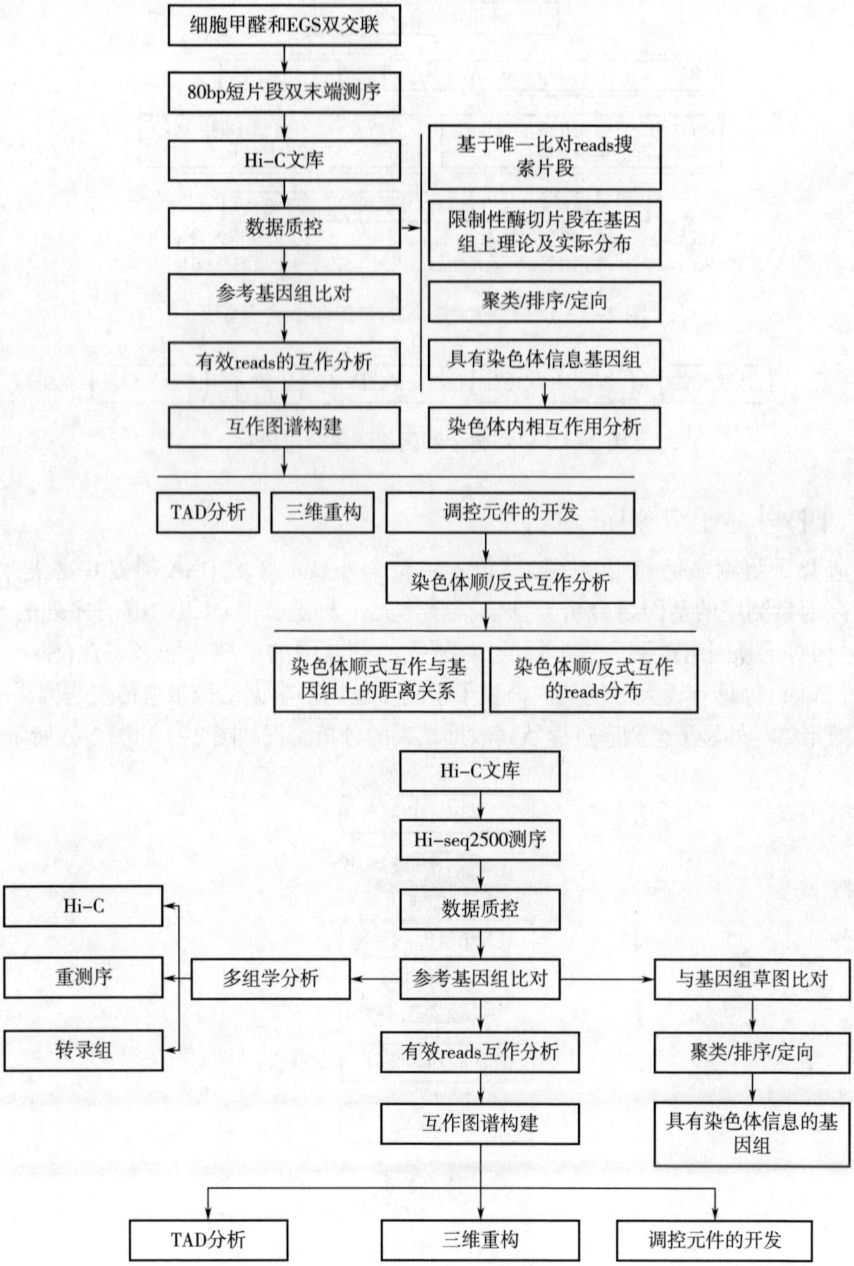

EGS—乙二醇双（琥珀酰亚胺基琥珀酸酯）；bp—碱基对；reads—读段；
TAD—染色质拓扑相关结构域；seq—序列。

图 2-2　Hi-C 生信分析流程

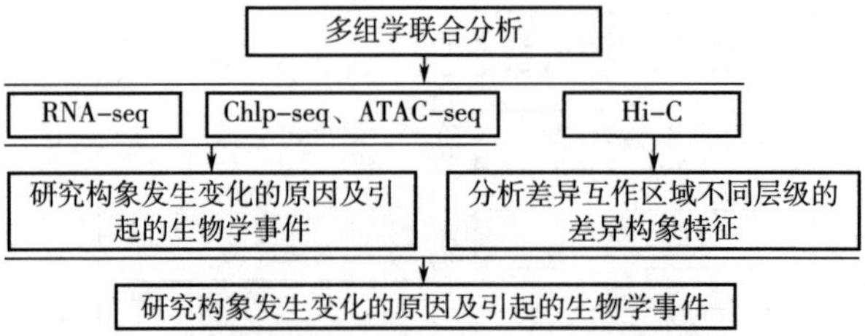

RNA-seq —转录组测序技术；Chlp-seq —染色质免疫共沉淀技术；
ATAC-seq —利用转座酶研究染色质可进入性的高通量测序技术 。

图 2-3　Hi-C 技术融入的多组学联合分析

图 2-4　单细胞全基因组测序分析流程

(四)外显子组测序

外显子组测序是利用测序捕获技术将整个外显子区域 DNA 捕捉并富集,然后进行高通量测序的基因组分析方法。该技术是一种选择基因组的编码序列的高效策略,相对于基因组重测序成本较低,对研究已知基因的单核苷酸多态性(SNP)、得失位(Indel)等具有较大的优势。外显子组测序是识别罕见孟德尔遗传疾病因果变化的有效策略。外显子组测序过程及其数据结果的分析流程如图 2-5 和图 2-6 所示。

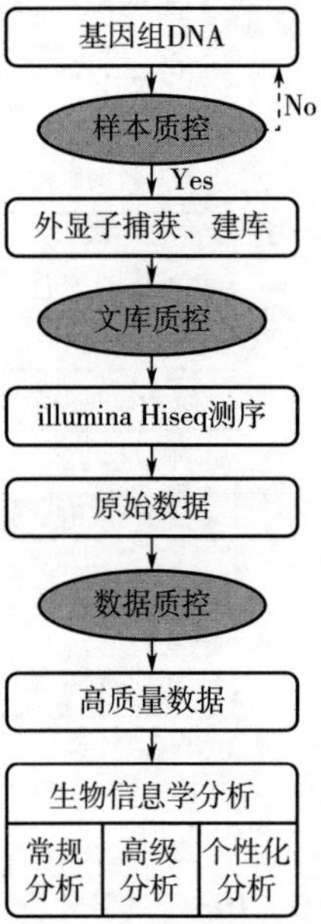

illumina Hiseq—高通量测序技术。

图 2-5　外显子组测序流程

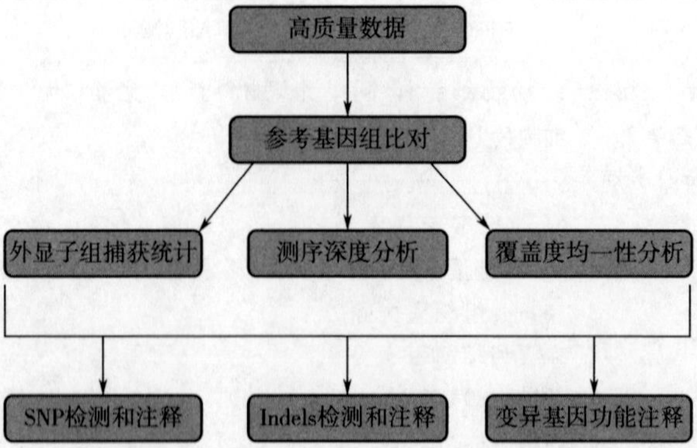

图 2-6　外显子组测序数据的分析流程

上述四种测序方法的技术优势、应用领域、样品要求以及生物信息学分析方法等情况如表 2-1 所示。

表 2-1　　常见基因组学测序方法比较

项目	扩增子测序	Hi-C 技术	单细胞测序	外显子组测序
技术优势	1. 通量高，适用于大量样本的特定基因组区域研究。 2. 周期短，可缩短研究周期，加速临床应用及文章发表。 3. 信息度高，针对感兴趣的基因组区域进行遗传变异位点的寻找，可对特定区域进行深入研究	1. 全 Hi-C 可以捕捉全基因组范围内的互作信息，包括染色体内和染色体外的相互作用。 2. 广 Hi-C 应用范围广，不仅可以绘制细胞核内互作染色质的空间构象，还可以解析全基因组范围内基因间整体相互模式，并且可以辅助基因组组装拼接	1. "大体积"(Bulk) RNA-seq：以大量细胞来检测基因的平均表达水平。可应用于比较转录组学，不适合用于研究具有异质性的系统，不能表征基因表达的随机性本质。 2. 单细胞 RNA 测序：可定量单细胞基因表达水平，并可获得一群细胞的基因表达水平分布。不同的单细胞测序建库方法有：SMART-seq2(2013)、CEL-seq(2012)、SCRB-seq(2014)、Drop-seq(2015)	1. 定位克隆，降低功耗，成功地确定罕见变异。 2. 大部分导致孟德尔遗传紊乱的基因变异是通过破坏蛋白质编码形成的。 3. 大量的非同义替换是有害的。 4. 剪接位点也代表序列的主要功能的变化
应用领域	环境微生物、肠道微生物、发酵微生物菌群研究等	植物、动物、环境微生物研究等	动植物和微生物菌群研究等	动物、植物和微生物菌群研究等

续表

项目	扩增子测序	Hi-C 技术	单细胞测序	外显子组测序
样品要求	1. 样品类型：土壤、淤泥、沉积物≥3g，粪便≥500mg，水样≥2个。 2. 组织样本：肠道组织等≥1g。 3. DNA/PCR 产物：DNA（浓度≥5ng/μL）≥150ng，PCR 产物（浓度≥20ng/μL）≥400g	1. 动物细胞样本：细胞数为 5×10^7～10×10^7。 2. 动物组织样本：组织质量应大于150mg，组织应去除血管和结缔组织等杂质，-80℃冻存，干冰寄样。 3. 植物组织样本：植物组织应选取幼嫩的组织，质量应大于3g，锡纸包裹，液氮冻存，干冰寄样	组织材料新鲜、完整和无损伤即可	提取高质量的 DNA
生物信息学分析		1. 数据过滤及比对 2. 比对及片段分析 3. 顺式与反式相互作用 4. 染色体相互作用 5. 高级分析	1. 去除接头、污染序列及低质量 reads 的处理； 2. 测序评估； 3. 鉴定信使 RNA（mRNA）编码序列； 4. 差异表达基因的基因本体（GO）功能显著性富集分析； 5. 差异表达基因代谢通路（Pathway）显著性富集分析； 6. 蛋白互作网络分析； 7. 鉴定已知的长链非编码 RNA（lncRNA），并估计表达量丰度； 8. 预测新的 lncRNA； 9. lncRNA 表达水平分析； 10. lncRNA 靶基因预测	

二、茶树茶饼病内转录间隔区分析

内转录间隔区（ITS）是一段特定的 DNA 区域。ITS 扩增子测序是一种通过提取环境样品的 DNA，选择合适的通用引物扩增 ITS 的目标区域，进而通过检测目标区域的序列变异和丰度，来研究环境微生物多样性和群落组成差异的技术。该技术能够同时对样品中的优势物种、稀有物种以及一些未知的物种进行检测分析，从而获得样品中的微生物群落组成以及它们之间的相对丰度。

由于微生物群落组成及其相对丰度反映了微生物多样性，而微生物多样性对于研究微生物与环境的关系、环境治理和微生物资源的利用有着重要的理论和现实意义。所以 ITS 扩增子测序在这些研究方面具有重要价值。

（一）试验目的

茶树叶片响应茶饼病菌侵染是一个复杂的过程，大量基因被诱导或抑制表达，与抗病相关的转录因子被大量激活且上调表达，糖代谢、氨基酸代谢及蛋白质合成等生物学过程受到显著影响，且茶饼病侵染是异常复杂的多种病原菌协同作用的致病机制。为了探明茶树感染茶饼病过程中微生物多样性及其群落组成结构，利用高通量测序技术分析了茶树感染茶饼病过程中微生物的变化，有助于挖掘茶饼病病原菌群落，为茶园管理和病虫害防治提供参考。

（二）试验材料

1. 材料与试剂

（1）茶树叶片　以黔南民族师范学院优良品种资源圃福鼎大白为试验材料。试验材料取茶园管理一致的同一块地感染茶饼病的茶树鲜叶。根据叶片的感病状况分为茶树健康叶片（BlisCK）以及感病初期（BlisS1）、感病中期（BlisS2）、感病中后期（BlisS3）和感病后期（BlisS4），如图 2-7 所示。感病组取受茶饼病感染且无其他病斑、虫眼的茶树叶片，对照组取无病斑、无虫眼的健康叶片。每个样品取三个，作为三个生物学重复，液氮速冻并放在-80℃冰箱里冷藏，样本信息见表 2-2。

图 2-7　健康叶和感病叶

表 2-2　样本信息

物种	组织	测序 ID	样品 ID
茶叶	病害叶片	A21240680b_b_a	Leaf_CK1
茶叶	病害叶片	A21240680b_b_b	Leaf_CK2
茶叶	病害叶片	A21240680b_b_c	Leaf_CK3
茶叶	病害叶片	A21240682b_b_a	Leaf_S11
茶叶	病害叶片	A21240682b_b_b	Leaf_S12
茶叶	病害叶片	A21240682b_b_c	Leaf_S13
茶叶	病害叶片	A21240685b_b_a	Leaf_S21
茶叶	病害叶片	A21240685b_b_b	Leaf_S22
茶叶	病害叶片	A21240685b_b_c	Leaf_S23
茶叶	病害叶片	A21240689b_b_a	Leaf_S31

微生物组测序分析由百迈客生物科技有限公司完成。

(2)试剂　色谱纯级别的甲醇、乙腈、乙醇、标准品;交联聚乙烯基吡咯烷酮(polyvinylpyrrolidone cross-linked,PVPP);苯甲基磺酰氟(Phenylmethylsulfonyl fluoride,PMSF);乙二胺四乙酸(Ethylene diamine tetraacetic acid,EDTA)、三氯乙酸(Trichloroacetic acid,TCA)、碘代乙酰胺(Iodoacetamide,IAM)、蛋白定量试剂盒(2-D Quant Kit)、二硫苏糖醇(DL-Dithiothreitol,DDT)、低分子质量蛋白质标志物(97ku,66ku,43ku,31ku,20ku,14ku)、脱色液(25% 乙醇,8% 乙酸)、染色液(0.2% 考马斯亮蓝 R250,10% 乙酸,50% 甲酸)、Bradford 法蛋白定量试剂盒(Bradford Protein Assay Kit)、8-plex iTRAQ 标记试剂盒(Applied Biosystems)、四乙基溴化铵(Tetraethylammonium bromide,TEAB)、甲酸(Formic acid,FA)、胰蛋白酶(TPCK-Trypsin,Promega)、乙腈(Acetonitrile,ACN)等;RNAplant Plus RNA 提取试剂盒(TIANGEN BIOTECHCO,LTD)、ReverTra Ace® qPCR RT Kit 和 SYBR® Green Real-time PCR Master Mix-Plus qRT-PCR 试剂(TOYOBO 公司)等。

2. 仪器与设备

主要仪器与设备如表 2-3 所示。

表 2-3　主要仪器与设备

名称	型号	生产商
冷冻离心机	Centrifuge 5804R	迪图(上海)生物科技有限公司
紫外凝胶成像系统	Bio IMAGING SYSTEM	上海艾研生物科技有限公司
分光光度计	SMA3000	北京众力挽生物科技有限公司

续表

名称	型号	生产商
PCR 仪	Roche LightCycler 480 Ⅱ	北京世贸远东科学仪器有限公司
RNA 质量检测	Agilent Technologies 2100 Bioanalyzer、Illumina Cluster Station 和 Illumina Hi Seq™ 2000 系统	北京龙跃生物科技发展有限公司
电泳仪	DYCZ-20E	上海资一仪器设备有限公司
稳压仪	DYY-in 型	北京佳航博创科技有限公司

(三)试验方法

1. 样品 DNA 提取

将低温保存的样品机械磨碎后采用十六烷基三甲基溴化铵(CTAB)方法对样本的基因组 DNA 进行提取,之后利用琼脂糖凝胶电泳检测 DNA 的纯度和浓度,取适量的样本 DNA 于离心管中,使用无菌水稀释样本备用。

2. 样品 PCR 扩增

将稀释后的基因组 DNA 作为模板,选择 515F 和 806R 引物对 V4 区进行 PCR 扩增,测序类型与引物序列见表 2-4。用相同样本的 PCR 产物浓度等量混匀后,使用 2% 浓度的琼脂糖凝胶对 PCR 产物进行电泳检测,最后使用 QIAGEN 公司提供的胶回收试剂盒回收产物。

表 2-4　测序类型与引物序列

测序类型	引物名称	引物序列	测序平台
细菌 16S rRNA①	515F	5′-GTGCCAGCMGCCGCGGTAA-3′	NovaSeq 6000
	806R	5′-GGACTACHVGGGTWTCTAAT-3′	

注:①rRNA 指核糖体 RNA。

3. 文库构建和上机测序

使用 TruSeq® DNA PCR-Free Sample Preparation Kit 建库试剂盒进行文库构建,构建好的文库经过 Qubit 和 Q-PCR 定量,文库合格后,使用 NovaSeq 6000 进行上机测序。

(四)数据分析

茶树茶饼病 ITS 分析流程如图 2-8 所示。

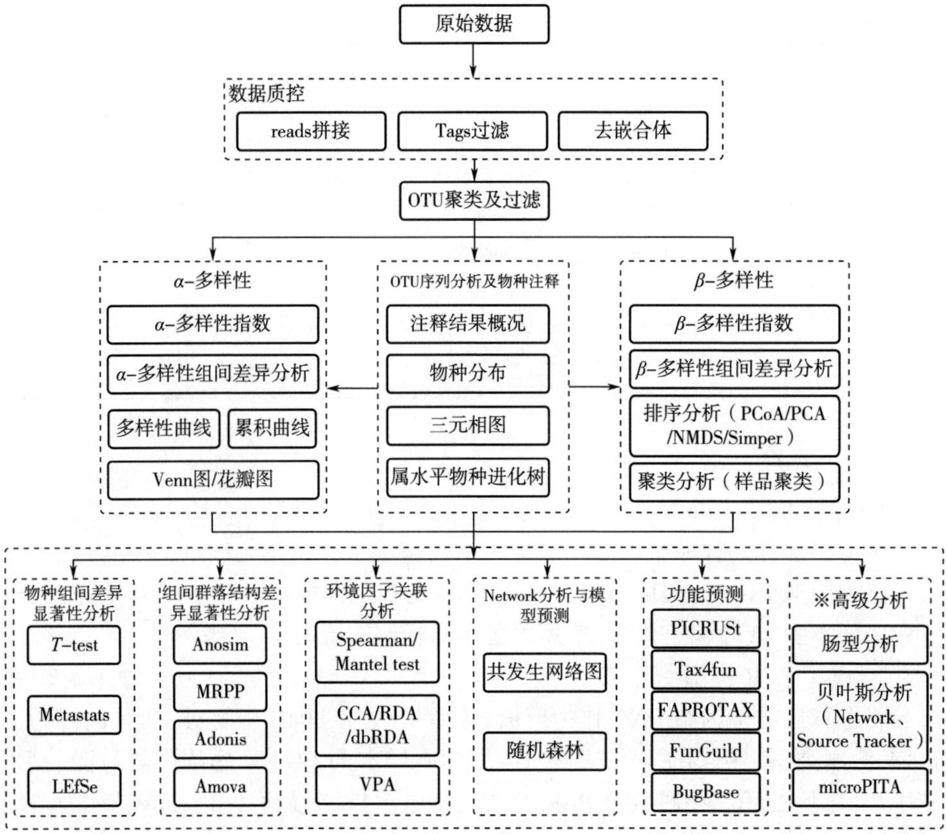

Tags— 一个序列标签；OTU—操作分类单元；Venn图—维恩图；PCA—主成分分析；Simper—相似性百分比；*T*-test—*T*检验；LEfSe—线性判别分析；Anosim—相似性分析；MRPP—多响应置换过程分析；Adonis—置换多因素方差分析；Amova—分子方差分析；Spearman—斯皮尔曼相关性分析；Mantel test—曼特尔检验；CCA—典型相关分析；dbRDA—基于距离的冗余分析；VPA—方差分解分析；PICRUSt— 一个从标记基因（一般是16S rRNA）测序数据预测功能丰度的软件；Tax4fun— 一个基于16S rRNA基因序列的功能预测工具；FAPROTAX— 一款适用于对环境样本（如海洋、湖泊等）的生物地球化学循环过程（特别是碳、氢、氮、磷、硫等元素循环）进行功能注释预测的软件；FunGuild— 一款通过微生态guild对真菌群落进行分类分析的工具，guild是微生态学中的概念，其涉及一类物种（不管亲缘关系相近与否），这些物种能通过相似的途径利用同类环境资源；BugBase— 一种微生物表型预测工具；Network—网络；Source Tracker—溯源分析；microPITA—筛选特定代表性物种进行后续宏基因组分析。

图 2-8　茶树茶饼病 ITS 分析流程

(五)注意事项

(1)假阴性,不出现扩增条带。

(2)假阳性。

(3)出现非特异性扩增带。

(4)出现片状拖带或涂抹带。

第二节　代谢组学技术

代谢组学是系统生物学的重要组成部分。它主要研究生物体系(细胞、组织、器官或生物体)内分子质量小于 1000 的小分子代谢物,这些小分子代谢物包括各种代谢路径的底物、产物以及中间代谢物等。

一、常见代谢组学技术

(一)非靶向代谢物组学

非靶向代谢物组学(untargeted metabolomics)是通过比较对照组与实验组的代谢组,以寻找其代谢谱差异的一种研究方法。这些差异可能与临床生物标志物发现中研究的某些疾病相关,也可能与药物研发毒理研究中候选药物摄入后的代谢改变有关。可以通过非靶向代谢物组学寻找差异代谢物,再通过靶向代谢物组学进一步定性定量验证。非靶向代谢物组学分析流程如图 2-9 所示。

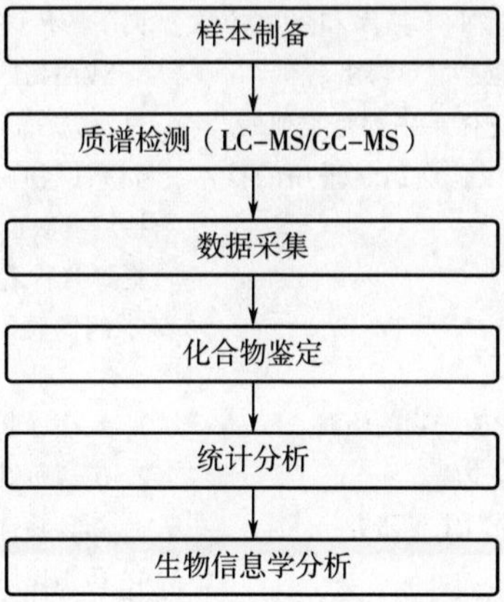

LC-MS—液相色谱-质谱联用；GC-MS—气相色谱-质谱联用。

图 2-9　非靶向代谢物组学分析流程

(二)靶向代谢物组学

靶向代谢物组学(targeted metabolomics)是对样品中特定代谢物绝对浓度的定量测定。靶向代谢组学分析侧重于利用大量的自然和生物变异样本来验证预先确定的代谢产物,需要用分析标准进行定量分析(图 2-10)。

两种代谢组学方法的特点比较如表 2-5 所示。

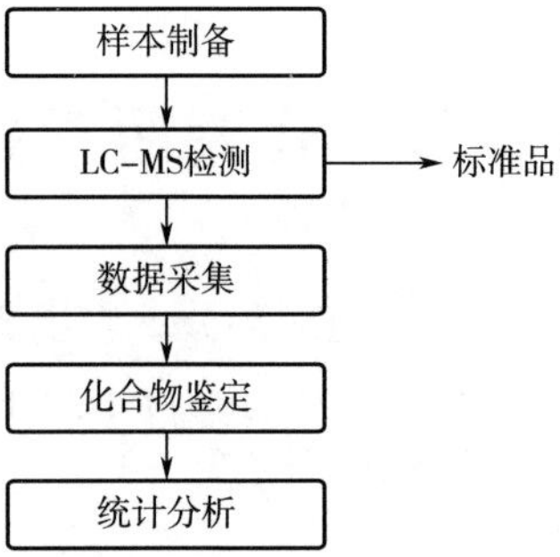

LC-MS—液相色谱-质谱联用。

图 2-10 靶向代谢物组学分析流程

表 2-5 常见代谢组学技术

项目	非靶向代谢物组学	靶向代谢物组学
技术优势	1. 基因和蛋白表达在功能水平上的微小变化会在代谢物上得到放大,从而使检测更容易。 2. 基因和蛋白水平的非功能性变化不会在代谢水平上反映出来,从而起到了上游信息向下游传递过程中"噪声过滤"的效果。 3. 代谢物的种类要远小于基因和蛋白的数目,物质的分子结构也要简单得多。 4. 代谢物在各个生物体系中都是类似的,其检测方法也相似,所以代谢组学采用的技术更具有普适性。 5. 成本相对较低	1. 基因和蛋白表达在功能水平上的微小变化会在代谢物上得到放大,从而使检测更容易。 2. 基因和蛋白水平的非功能性变化不会在代谢水平上反映出来,从而起到了上游信息向下游传递过程中"噪声过滤"的效果。 3. 代谢物的种类要远小于基因和蛋白的数目,物质的分子结构也要简单得多。 4. 代谢物在各个生物体系中都是类似的,其检测方法也相似,所以代谢组学采用的技术更具有普适性。 5. 因需要相应的标准品,成本较高
应用领域	1. 生物样本中复杂代谢产物的检测。 2. 寻找疾病的生物标志物。 3. 标志物的验证和绝对定量研究。 4. 研究代谢通路机制	1. 疾病诊断与防治; 2. 疾病机制研究; 3. 新药筛选和开发; 4. 药物作用机制的研究; 5. 药物毒性评价; 6. 动植物代谢组学研究; 7. 微生物代谢组学研究
样品要求(样品名称:推荐送样量)	1. 植物叶片:1g。2. 植物茎秆:1g。3. 植物根系:1g。4. 植物种子:2g。5. 动物组织:0.2g。6. 血清:200μL。7. 体液:1mL。8. 尿液:1mL。9. 培养细胞:10^7 个。10. 微生物:10^7 个。11. 土壤样品:10g	1. 植物叶片:1g。2. 植物茎秆:1g。3. 植物根系:1g。4. 植物种子:2g。5. 动物组织:0.2g。6. 血清:1mL。7. 体液:1mL。8. 尿液:1mL。9. 培养细胞:10^7 个。10. 微生物:10^7 个。11. 土壤样品:60g

续表

项目	非靶向代谢物组学	靶向代谢物组学
生物信息学分析	1. 数据提取，是将高灵敏度仪器采集得到的图谱，经过软件处理转变成可计算的数据。 2. 根据实验和样本本身性质和数据特点，进行数据的预处理，并对实验得到的代谢物进行定性和相对定量检测。 3. 将前面处理好的数据进行多维统计分析或聚类分析，并结合单维统计分析，找出能有效鉴别不同组生物样本的主要差异代谢物变量，作为生物标志物。 4. 经过上述数据处理，找到差异代谢物变量之后，接着推导它们包含的生物学内涵；通过代谢途径网站的搜索，根据差异代谢物变量，确定受影响的代谢通道，从而将实验数据结果和体内的生物学变化结合起来	1. 数据提取，是将高灵敏度仪器采集得到的图谱，经过软件处理转变成可计算的数据。 2. 根据实验和样本本身性质和数据特点，进行数据的预处理，并通过与相应标准品的比较，对实验得到的代谢物进行定性和定量检测。 3. 将前面处理好的数据进行多维统计分析或聚类分析，并结合单维统计分析，找出能有效鉴别不同组生物样本的主要差异代谢物变量。 4. 经过上述数据处理，找到差异代谢物变量之后，接着推导它们包含的生物学内涵。通过代谢途径网站的搜索，根据差异代谢物变量，确定受影响的代谢通道，从而将实验数据结果和体内的生物学变化结合起来

二、茶树茶饼病植物激素分析

（一）试验目的

基于 LC-MS/MS（液相色谱串联二级质谱仪）平台的植物激素分析方法，可定量检测 8 大类植物激素［生长素（auxin）、细胞分裂素（cytokinins，CKs）、脱落酸（abscisic acid，ABA）、茉莉酸（jasmonicacid，JA）、水杨酸（salicylic acid，SA）、赤霉素（gibberellins，GAs）、乙烯类（ethylene，ETH）、独脚金内酯（strigolactones，SLs）］，为植物发育、分子遗传和细胞生物学研究提供理想技术平台，在植物代谢领域提供高质量检测服务（Cui et al.，2015；Cai et al.，2014；Pan et al.，2010；Imura et al.，2018；Flokov et al.，2014）。掌握植物体内激素的组成以及含量的变化情况有助于发现更多的植物激素间的相互作用，进而探索可能的作用机理。

（二）试验材料

1. 材料与试剂

（1）茶树叶片　有关“茶树叶片”试验材料的内容可参照“第二章、第一节，二、茶树茶饼病内转录间隔区，（二）1.”下“（1）茶树叶片”处。

（2）试剂　试剂信息详见表 2-6。

表 2-6　　试剂信息

试剂	级别	品牌
甲醇	色谱纯	Merck
乙腈	色谱纯	Merck
乙酸	色谱纯	Sigma-Aldrich
甲酸	色谱纯	Sigma-Aldrich
标准品	大于 99%	Olchemim/isoReag(甲醇配制,1mg/mL)

2. 仪器与设备

主要的仪器与设备见表 2-7。

表 2-7　　仪器与设备

名称	型号	品牌
离心机	5424R	Eppendorf
电子天平	AS 60/220. R2	RADWAG
离心浓缩仪	CentriVap	LABCONCO
超声清洗仪	KQ5200E	昆山舒美
多管涡旋振荡器	MIX-200	上海净信
球磨仪	MM400	Retsch
LC-MS/MS	QTRAP 6500+	SCIEX

(三)试验方法

1. 样品制备

样品制备流程如图 2-11 所示。

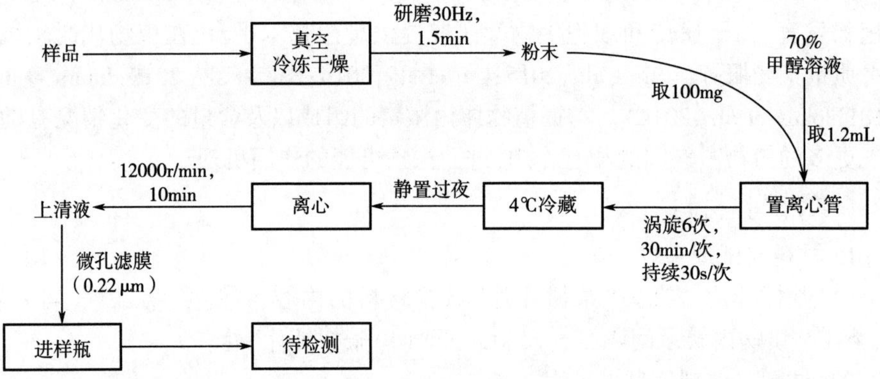

图 2-11　样品制备流程

2. 样品检测

运用超高效液相色谱和质谱联用的方法对样品进行检测，色谱条件如图 2-12 所示。

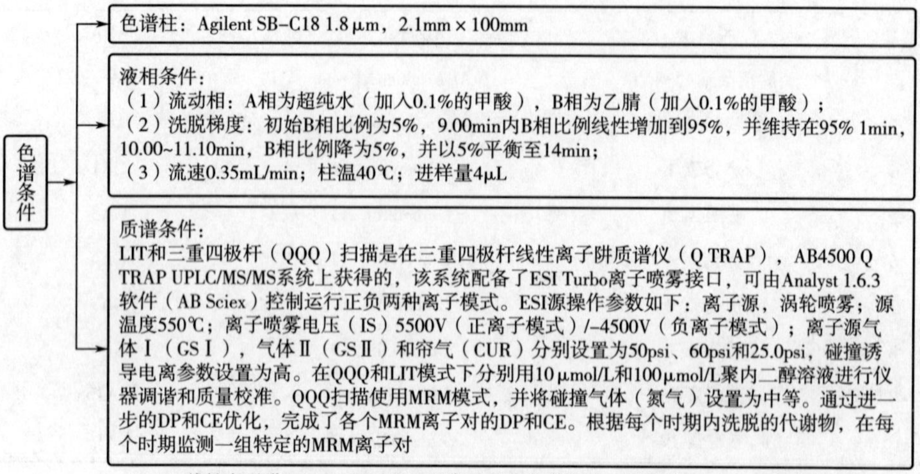

LIT—线性离子阱；UPLC/MS/MS—超高效液相色谱串联二级质谱法；ESI—电喷雾电离；MRM—质谱多反应监测；DP—解簇电压；CE—碰撞能量。

图 2-12　色谱条件

（四）数据分析

液相色谱串联质谱（LC-MS/MS）能够检测到极性高、热稳定性差的化合物，并能够对物质进行精确的定量。完整的分析流程如图 2-13 所示。

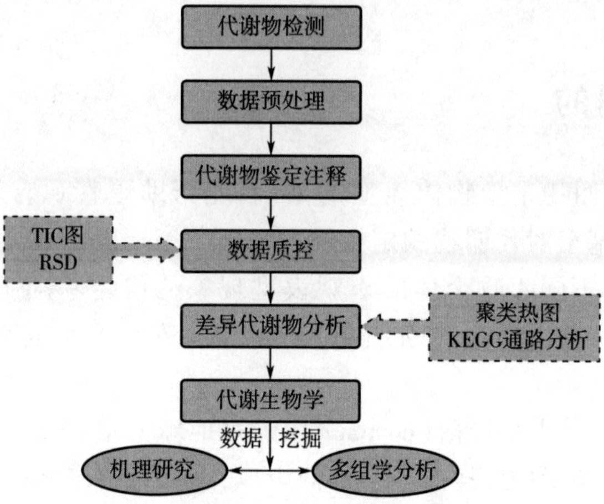

TIC—总离子流色谱图；RSD—相对标准偏差；KEGG—京都基因与基因组百科全书。

图 2-13　分析流程

植物激素检测类型见表 2-8。

表 2-8　　植物激素检测类型

序号	中文名称	英文名称	简称
1	脱落酸	Abscisic acid	ABA
2	脱落酸葡萄糖酯	ABA-glucosyl ester	ABA-GE
3	1-氨基环丙烷羧酸	1-Aminocyclopropanecarboxylic acid	ACC
4	赤霉素 1	Gibberellin A1	GA1
5	赤霉素 3	Gibberellin A3	GA3
6	赤霉素 4	Gibberellin A4	GA4
7	赤霉素 7	Gibberellin A7	GA7
8	赤霉素 9	Gibberellin A9	GA9
9	赤霉素 15	Gibberellin A15	GA15
10	赤霉素 19	Gibberellin A19	GA19

(五)注意事项

(1)取样　按照试验方案取样,要求生境、长势一致,健康,无其他病害、虫害。

(2)检测　排除仪器本身的误差。

第三节　组学联合分析

一、试验目的

代谢组学:代谢物是生物体表型的基础,能帮助更直观有效地了解生物学过程及其机理。基于对代谢物的定性定量分析,代谢组学可以用于代谢途径或代谢网络的解析,不同生物个体的宏观表型现象的代谢基础研究,以及动物经济性状育种价值评估、疾病诊断预防、动物产品安全性评价和动物医学模型应用。

微生物组学:“微生物群落(community)”是地球上生命基本元素进行生物地球化学循环的主要驱动力,其由多个种群组成,不同种群之间存在着共生、互利、共存、竞争等各种复杂的关系。复杂的微生物群落影响各种环境,包括哺乳动物的胃肠道、土壤、水体等。近年来的研究表明,动物肠道与细菌密切相关,细菌在健康和疾病中发挥着重要作用。

为了维持一个稳定的生态位，微生物通过宿主-微生物群代谢信号的相互作用影响宿主的多种代谢途径，强烈影响宿主的代谢表型，有助于宿主的进化适应性，促进宿主与微生物群之间的互利关系。在菌群研究领域，微生物组学（扩增子/宏基因组）与代谢组学是两大核心技术手段。微生物组学能够筛选出菌群结构差异与丰度差异，预测或注释其功能差异，代谢组学则是菌群之间及与宿主互作功能的直接反映，两者相辅相成，缺一不可。因此，将“微生物组学”与“代谢组学”研究融合，可以让我们更好地了解环境微生物群如何通过菌群代谢及与宿主共代谢来影响环境或宿主的代谢状态。

二、试验材料

联合分析所用的样本信息如表 2-9 所示。

表 2-9　样本信息表

样本	处理组	代谢组样本	代谢组分组	微生物组样本	微生物组分组
Leaf_CK1	Leaf_CK	Leaf_CK1	Leaf_CK	BlisCK1	BlisCK
Leaf_CK2	Leaf_CK	Leaf_CK2	Leaf_CK	BlisCK2	BlisCK
Leaf_CK3	Leaf_CK	Leaf_CK3	Leaf_CK	BlisCK3	BlisCK
Leaf_S11	Leaf_S1	Leaf_S11	Leaf_S1	BlisS11	BlisS1
Leaf_S12	Leaf_S1	Leaf_S12	Leaf_S1	BlisS12	BlisS1
Leaf_S13	Leaf_S1	Leaf_S13	Leaf_S1	BlisS13	BlisS1
Leaf_S21	Leaf_S2	Leaf_S21	Leaf_S2	BlisS21	BlisS2
Leaf_S22	Leaf_S2	Leaf_S22	Leaf_S2	BlisS22	BlisS2
Leaf_S23	Leaf_S2	Leaf_S23	Leaf_S2	BlisS23	BlisS2
Leaf_S31	Leaf_S3	Leaf_S31	Leaf_S3	BlisS31	BlisS3
Leaf_S32	Leaf_S3	Leaf_S32	Leaf_S3	BlisS32	BlisS3
Leaf_S33	Leaf_S3	Leaf_S33	Leaf_S3	BlisS33	BlisS3
Leaf_S41	Leaf_S4	Leaf_S41	Leaf_S4	BlisS41	BlisS4
Leaf_S42	Leaf_S4	Leaf_S42	Leaf_S4	BlisS42	BlisS4
Leaf_S44	Leaf_S4	Leaf_S44	Leaf_S4	BlisS43	BlisS4

三、试验方法

不同层次的组学数据联合分析,一方面可以相互验证,另一方面为我们提供了一个全景式了解生物活动过程的窗口。

通过建立不同层次分子间的数据关系,同时结合功能分析、代谢通路富集等,系统全面地解析生物分子功能和调控机制,最终实现对生物变化大趋势与方向的综合了解,提出分子生物学变化机制模型,并筛选出重点代谢通路或者蛋白、基因、代谢产物,进行后续深入实验分析与应用。

四、数据分析

分别对样本进行代谢组检测和微生物扩增子测序,之后对差异代谢物和差异菌群进行关联性分析。生物信息分析流程如图 2-14 所示。

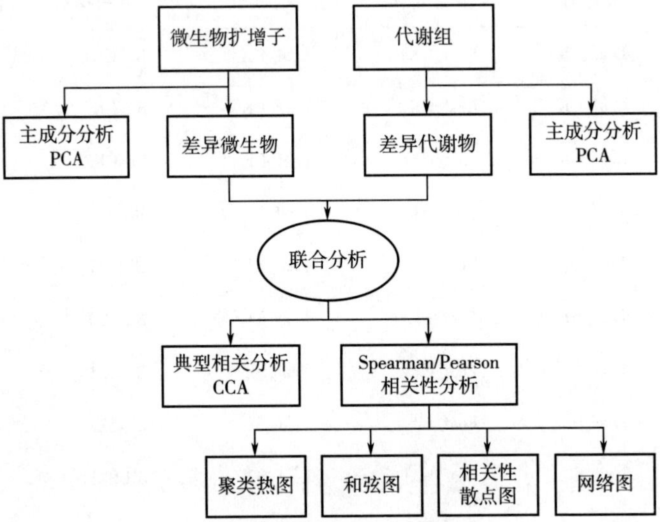

图 2-14 生物信息分析流程

五、注意事项

根据试验方案,综合分析不同感病程度的茶树叶片的微生物组与广靶代谢的差异和相关性。

参考文献

[1]LIN D,HONG P,ZHANG S,et al. Digestion-ligation-only Hi-C is an efficient and cost-effective method for chromosome conformation capture[J]. Nature Genetics,2018,50:754-763.

[2]CAI B,ZHU J,GAO Q,et al. Rapid and high-throughput determination of endogenous cytokinins in *Oryza sativa* by bare Fe_3O_4 nanoparticles-based magnetic solid-phase extraction[J]. Journal of Chromatography A,2014,1340:146-150.

[3]PAN X,WELTI R,WANG X. Quantitative analysis of major plant hormones in crude plant extracts by high-performance liquid chromatography-mass spectrometry[J]. Nature protocols erecipes for researchers,2010,5(6):986-992.

[4]SIMURA J,ANTONIADI I,SIROKA J,et al. Plant hormonomics: Multiple phytohormone profiling by targeted metabolomics[J]. Plant physiology,2018,117(2):476-489.

[5]FLOKOV K,TARKOWSK D,MIERSCH O,et al. UHPLC-MS/MS based target profiling of stress-induced phytohormones[J]. Phytochemistry,2014,105:147-157.

[6]CUI K Y,LIN Y Y,ZHOU X,et al. Comparison of sample pretreatment methods for the determination of multiple phytohormones in plant samples by liquid chromatography-electrospray ionization-tandem mass spectrometry[J]. Microchemical Journal,2015,121:25-31.

第三章　茶饼病内转录间隔区分析

第一节　物种注释

物种注释是实现这些研究的关键分析步骤。利用宏基因组数据进行物种注释的方式有多种,总的来说可分为基于特定基因片段和基于广泛基因组序列的两大注释类型。

一、测序数据预处理

(一)定义

采用 Illumina NovaSeq 高通量测序平台对各组样品进行测序,每个样品重复 3 次。各项检测指标达到质量要求,拼接、质控和过滤得到的有效数据(clean reads)均在 98% 以上。

(二)组成与含义

1. 组成

数据预处理统计及质控表由 11 列组成,依次为样品名称(sample name)、拼接得到的 reads 序列(raw reads)、Raw reads 过滤低质量和短长度后的序列(clean reads)、最终 Effective data 的碱基数目(Clean bases)、Effective tags 中碱基质量值大于 20 的碱基所占的百分比(Q20)、Effective tags 中碱基质量值大于 30 的碱基所占的百分比(Q30)、Effective tags 的平均长度(Avg len)、Effective tags 中 GC 碱基的含量(GC)。

2. 含义

数据预处理统计及质控表中 Raw reads 等数据可直观地表示测序数据量是否满足实验需求。

(三)解读

由表 3-1 可知,试验设计为正常叶(CK)和发病 4 个阶段(S1～S4)的菌斑样品,5 水平 3 重复,共 15 个样。测到的 Raw reads 数量有多有少,但错误率和 GC 含量较为接近,在发病后期,Effective tags 的 Avg len 有增长现象,但不明显。

表 3-1　　数据预处理统计及质控

样本名称	原始读段	过滤读段	过滤碱基	Q20/%	Q30/%	GC/%	平均长度/bp
BlisCK1	87283	—	—	98.32	96.26	48.42	408
			……				
BlisS43	66696	—	—	98.67	96.38	49.45	424

拓展阅读

英文示例 3.1

二、操作分类单元分析

操作分类单元(operational taxonomic units,OTU),即操作分类单元,为微生物群落分析中由微生物基因序列(如 16S rRNA 基因序列)聚类分析所得单元,将序列根据 97%的相似性阈值分为不同的 OTU,并视为不同的微生物物种。相似性在 97%以上的被归为同一物种,相似性高于 95%可归为同一个属,然后对 OTU 的序列进行物种注释。

(一)OTU 聚类及物种注释概况

热图(heatmap)的列是样本,行是 OTU(图 3-1)。每列上方标注了样本名称;每行右侧标注了 OTU 的名称,左侧是该行 OTU 所属分类的谱系。测得的 OTU 序列数目的多少以热图色块的颜色表示,数目少为蓝色,数目多为红色,色块中的数字表示序列数目。鼠标移到色块上,会显示该色块对应的样本和 OTU 的信息,包括 OTU 的序列数量及其在该行(该 OTU)中的占比、在该列(该样本)中的占比,以及 OTU 的分类谱系。

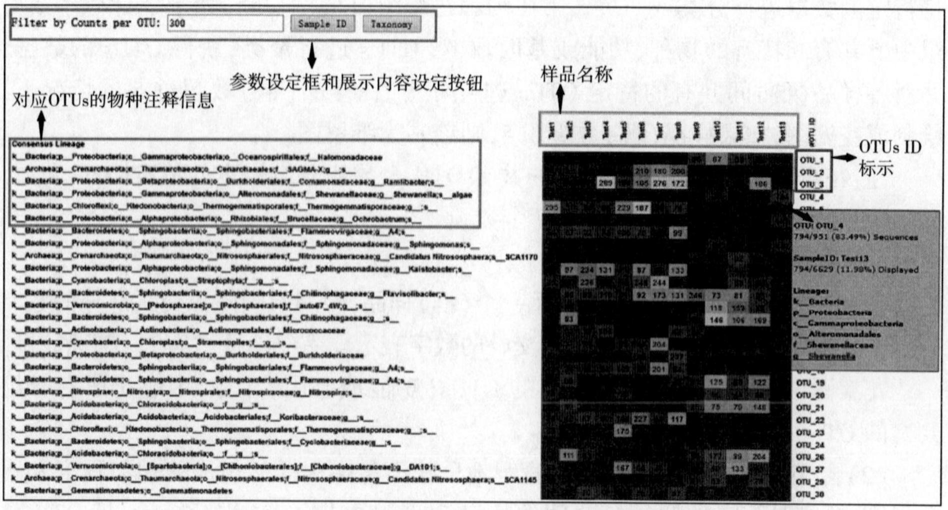

图 3-1　OTU 序列注释结果的热图示例

图 3-2 则利用 KRONA 软件显示了物种标注的结果,从内部到外部的圆圈表示不同的等级,扇面的尺寸表示数目的相对比率。

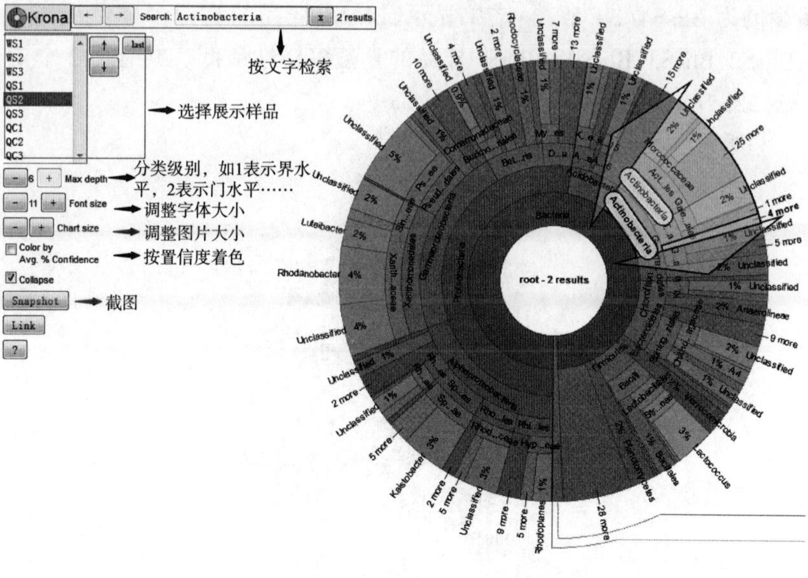

图 3-2　物种注释结果可视化展示示例

(二)基于 OTU 的维恩图和花瓣图

1. 定义

维恩图(Venn diagram),也称韦恩图、文氏图、温氏图,是利用集合分类的原理将特定的数据进行分类或归类。韦恩图和花瓣图(Flower plot)用于统计样本或分组中所共有和特有的物种、功能或基因数,对 OTUs 进行聚类,获得 OTUs 的数据,并对各样品(群)间共有的特定 OTUs 进行分析,在样品(群)数超过 5 的情况下,绘制成花瓣图,如果样品(群)数少于 5,则绘制为维恩图。

注:花瓣图只能给出所有样本的共有 OTU 个数和分组样本的特有 OTU 个数,无法给出某几个样本间的共有 OTU 个数。

2. 组成与含义

(1)组成　维恩图中每一圈表示一个(群)样品,圆圈与圆圈无交叉部分的数字表示样品(群)的特有 OTUs 数目,而交叠的数字表示样品(群)间共有的 OTUs 数目。

花瓣图中花瓣是对应分组特有的 OTUs(功能或基因)个数,中心是所有分组共有的 OTUs(功能或基因)个数。

(2)含义　维恩图和花瓣图可直观地反映出各层次样品组成的相似程度和重叠程度,并能对不同样品(群)之间的特定 OTU 和共同 OTU 进行统计,且 OTU 数量越多,证明物种丰富程度越高,可直观展示样本中 OTU 组成的相似性和特异性。

3. 解读

由维恩图可知,各组样品的 OTU 数量存在差异。其中,5 组样品共有的菌群数量为 202 个 OTU,其中 BlisS2(425 个)特有 OTU 数量最多,其次是 BlisS1(341 个),最少的为 BlisS4(34 个)。结果显示,BlisS1 样品的真菌多样性最高,其次为 BlisS1、BlisS2、BlisS3、BlisCK,BlisS4 样品的真菌多样性最低。共有 202 个 OTU,其中 BlisS2(425 个)最多。

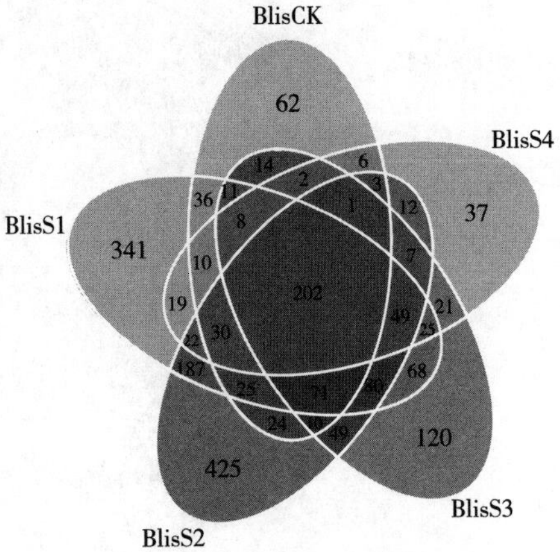

图 3-3　维恩图

拓展阅读

英文示例 3. 2

三、物种分布情况

(一)物种相对丰度展示

1. 定义

按物种注释的结果,在各个类别(门、目……)水平中,选出了各个类别中最丰富的 10 个品种,并绘出物种相对丰度柱形图,从而可以直观地看到各个样品中的相对丰度。

2. 组成与含义

(1)组成　在物种相对丰度柱形图中,横坐标为样本名(Sample Name),纵坐标为相对丰度(Relative Abundance),Others 表示其他所有物种的相对丰度之和。

(2)含义　物种相对丰度能够展示各样品的高表达成分物种,并能反映各样品组间的种类和表达情况,以及构成之间的差异。

3. 解读

由图 3-4 可知,在门水平,优势菌门为子囊菌门(Ascomycota)和担子菌门(Basidiomycota),二者所占比例达 95% 以上。从图 3-4 可以看出,各组样品优势菌群组成存在差异。在 *Ascomycota* 水平上,与 BlisCK 相比,BlisS3 所占比例差异不大(95. 9%),BlisS2 和 BlisS4 有所下降,BlisS1 所占比例最低(81. 5%)。在 *Basidiomycota* 水平上,BlisS1 所占比例最高(13%),而 BlisCK 所占比例最低,仅占 0. 5%,其他三组差异不明显。

在纲、目、科、属水平的分析同上。

拓展阅读

英文示例 3. 3

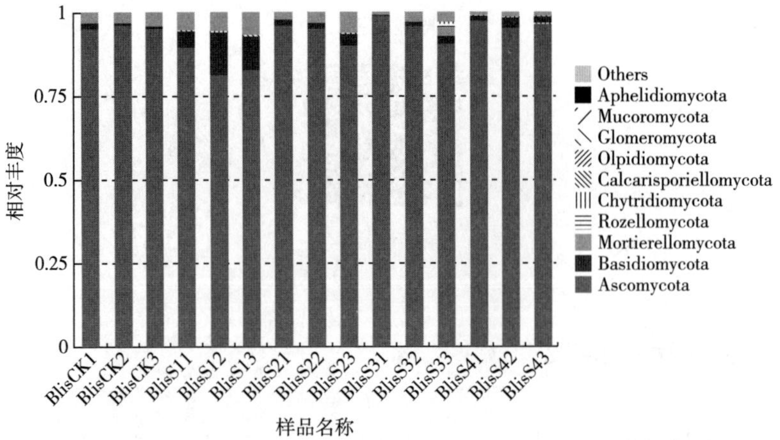

Others—其他；Aphelidiomycota—隐孢子菌门；Mucoromycota—毛霉菌门；
Glomeromycota—球囊菌门；Olpidiomycota—真菌门；Calcarisporiellomycota—钙孢子菌门；
Chytridiomycota—壶菌门；Rozellomycota—罗兹菌门；Mortierellomycota—孢霉门；
Basidiomycota—担子菌门；Ascomycota—子囊菌门。

图 3-4　茶树健康与感病叶片样品中真菌菌群在门分类水平上的物种相对丰度柱形图

(二)物种丰度聚类热图

1. 定义

物种丰度聚类热图通过将数据矩阵中的各个值按一定规律映射为颜色展示，利用颜色变化来可视化比较数据，依据样品在所属水平的丰度信息及物种注释，选择丰度最高的 35 个属绘制成热图，有助于确定哪个样品中的物种种类更多或更少。

2. 组成与含义

(1)组成　物种丰度聚类热图的纵坐标、横坐标和左侧的聚类树分别表示样本信息、物种注释信息和物种聚类树。通过方格颜色比较分组间物种的丰度差异，物种丰度越高，颜色越红，蓝色反之，热图的数值是通过将各行物种的相对丰度进行标准归一化后得出的 Z 数值。

(2)含义　物种丰度聚类热图可以直观展示 OTU 在不同样本或者分组的丰度差异，通过色彩深浅反映物种含量的高低，便于观察物种在哪些样本中含量较低或聚集较多，反映不同样品(组)间的相似性和差异性，更有效地挖掘实验信息。

3. 解读

从物种丰度聚类热图属(genus)水平上(图 3-5)可以看出，不同样本组内真菌群落种类的丰富程度都存在差异，在属分类水平上，丰度最高的 35 个属有 *Cladosporium*(枝孢属)、unidenified-*Magnaporthales*-sp(未鉴定的稻瘟病菌属物种)、*Gibberela*

（赤霉属）、*Conoldeocrella*（康尔德克雷拉属）、*Phyllosticta*（叶点霉属）、*Candida*（假丝酵母属）、*Alternaria*（链格孢属）、*Fusarium*（镰刀菌属）、*Hannaella*（汉娜菌属）、*Microdiplodia*（小二孢菌属）、*llyonectria*（海赤霉属）、*Didymella*（双孢菌属）、*Colletotrichum*（炭疽菌属）、*Bullanockia*（布拉诺基亚属）、*Acidiella*（酸菌属）、*Schizothyrium*（裂殖霉属）、unidentified-*Pezizomycotina*（未鉴定的盘菌属）、unidentified-*Ascomycota*-sp（未鉴定的子囊菌属物种）、*Cercospora*（尾孢属）、*Chaetomium*（毛壳属）、*f-Phaeosphaeriaceae*；*g*-unidentified（褐藻科未鉴定属）、*Aspergillus*（曲霉属）、*f-Aspergillaceae*；*g*-unidentified（曲霉菌科未鉴定属）、*Phoma*（茎点霉属）、*Kazachstania*（哈萨克斯坦酵母属）、*Issatchenkia*（伊萨酵母属）、*Epicoccum*（附球菌属）、*Tilletia*（腥黑穗病菌属）、*Teratoramularia*（畸胎病菌属）、*Uwebraunia*（球腔菌属）、*Heterodoassansia*（异丝菌属）、*Zymoseptoria*（酵母壳针孢属）、unidentified-*Pleosporales*-sp（未鉴定的孢目属物种）、unidentified-*Branch*02-sp（未鉴定分支 02 物种）、*Mortierella*（被孢霉属）。其中 unidentified-*Pezizomycotina*、*Acidiella*、*Schizothyrium* 在 BlisCK 中丰度相对较高；*f-Phaeosphaeriaceae*；*g-unidentified*、*Aspergillus* 在 BlisS1 中丰度较高。

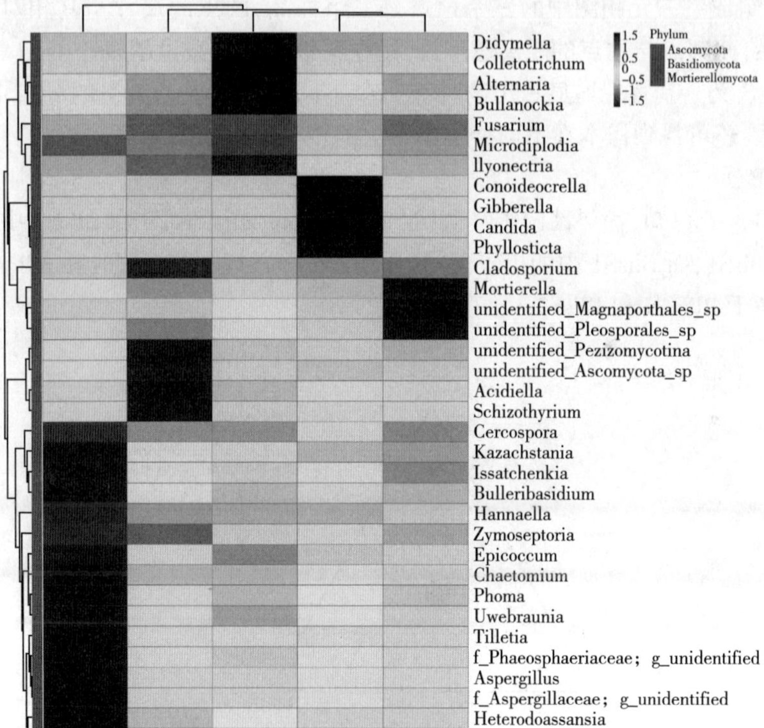

图 3-5　茶树健康与感病叶片样品中真菌菌群在属分类水平上的物种丰度聚类热图

拓展阅读

英文示例 3.4

（三）三元相图分析

1. 定义

为了解三组样品在各类水平中的优势物种的差别，选择三个组别平均丰度最高的 10 个物种，建立三元相图（Ternaryplot），从而可以直观地看到三组样品中的优势物种在不同水平上的差别。

2. 组成与含义

（1）组成　三元相图中的三个顶点是三组样品，圆点的尺寸与其相对丰度呈比例关系，而圆点与顶点的距离越靠近，则说明该物种的数量越多。

（2）含义　其直观地显示出物种在三个不同的样本或者分组的分布情况、比重和关系，还可找到样本在不同分类水平上的核心微生物。

3. 解读

由图 3-6 可知，优势菌门子囊菌门（Ascomycota）在 BlisCK 和 BlisS2 中的丰度略高于 BlisS1，而 BlisS1 中的担子菌门（Basidiomycota）和罗兹菌门（Rozellomycota）的丰度高于 BlisCK 和 BlisS2。

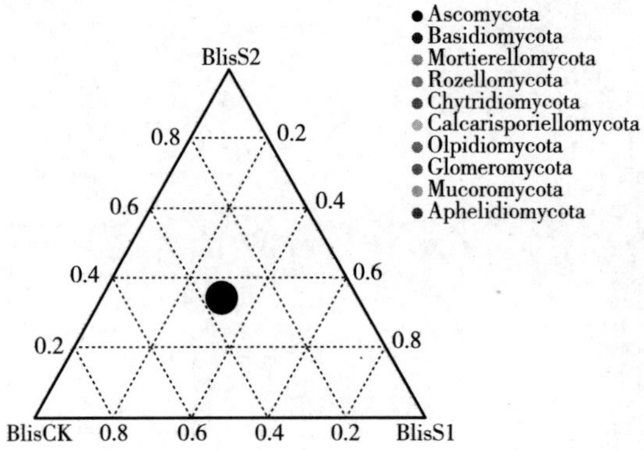

Ascomycota—子囊菌门；Basidiomycota—担子菌门；Mortierellomycota—孢霉门；Rozellomycota—罗兹菌门；Chytridiomycota—壶菌门；Calcarisporiellomycota—钙孢子菌门；Olpidiomycota—真菌门；Glomeromycota—球囊菌门；Mucoromycota—毛霉菌门；Aphelidiomycota—隐孢子菌门。

图 3-6　三元相图

拓展阅读

英文示例 3.5

四、属水平物种进化树

（一）定义

系统发育进化树（phylogenetic tree）利用多个序列比对方法，选取了前 100 个（top100）属的代表序列，并将各属间的系统发生关系和相对丰富程度进行调整，再利用树状分支图形来表示各物种或基因间的亲缘关系。

（二）组成与含义

1. 组成

分支的颜色代表相应的生物门，扇环外部的堆叠柱形图反映了各种菌属的相对丰度，内部的发育树圈层是由属水平物种的代表序列构成的。

2. 含义

其对不同属水平上物种间的演化关系进行了深入的探讨。

（三）解读

由图 3-7 可知，枝孢菌属（*Cladosporium*）的数量在发病后明显增加，丰度远大于其他菌属。

拓展阅读

英文示例 3.6

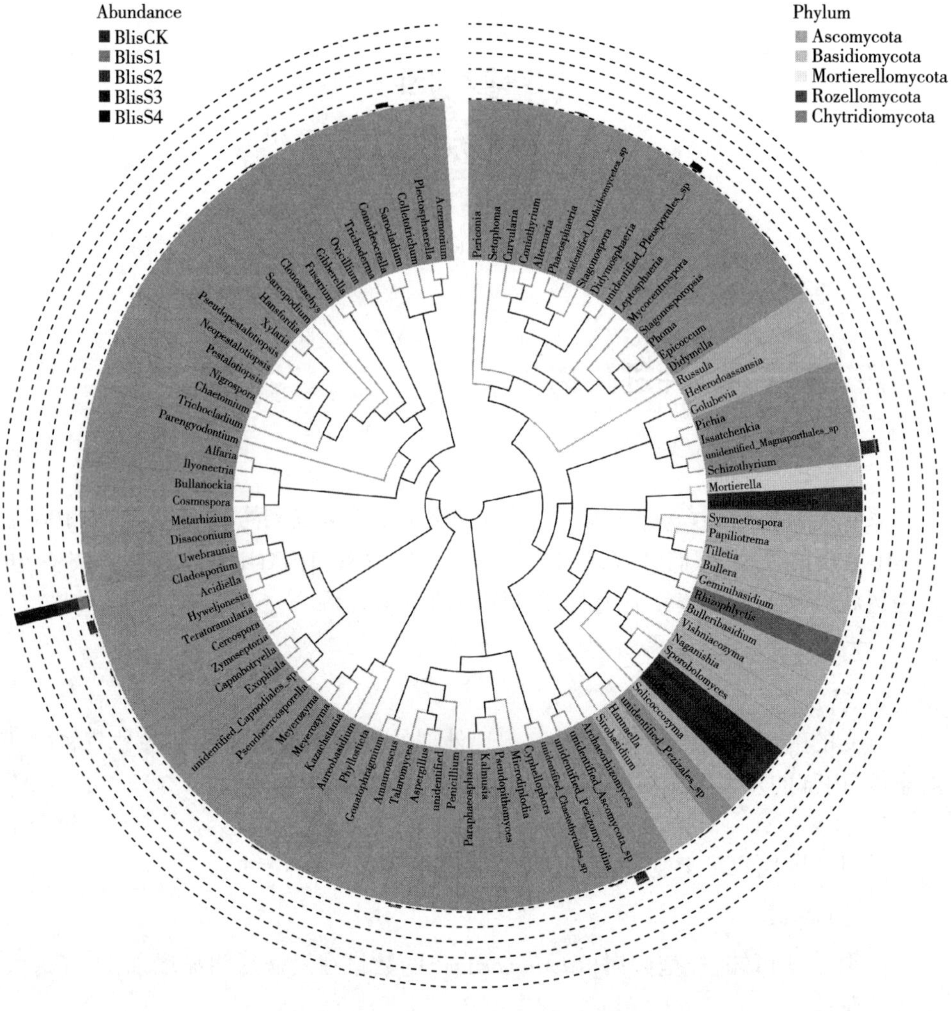

子囊菌纲（Ascomycota）、担子菌纲（Basidiomycota）、被孢霉纲（Mortierellomycota）、罗兹霉纲（Rozellomycota）、壶菌门（Chytridiomycota）。

图 3-7　属水平物种系统进化树

第二节　样本复杂度分析

样本复杂度分析(Alpha diversity)是利用 Alpha 多样性指数、物种多样性曲线和物种累积箱形图(species accumulation boxplot)等反映样品中微生物的多样性和富集程度的差异。

一、Alpha 多样性指数

(一)定义

Alpha 多样性(α 多样性):指某个群落或生境内部的物种多样性,主要关注群落内的物种多样性。

Alpha 多样性指数(Alpha diversity indices)一般是指在 97% 的一致性阈值下,对不同样品的 Alpha 多样性进行统计,常用的统计方法有 Shannon、Chao1 和 ACE 等。

(二)组成与含义

1. 组成

Alpha 多样性指数统计表由 8 列组成,依次为 Samples(代表样品)、Observed_species(代表直观观测到的物种数目)、Shannon(代表样品中的分类总数及其占比)、Simpson(代表群落内物种分布的多样性和均匀度)、Chao1(代表群落样品中包含的物种总数)、ACE(代表群落中的 OTU 数目)、Goods_coverage(代表测序深度指数)、PD_whole_tree(代表群落内物种的亲缘关系)。

注:Simpson 有 3 种展示形式,即 Simpson's Index(D),Simpson's Index of Diversity(1-D)和 Simpson's Reciprocal Index(1/D),它们对于反映群落多样性的效果相近,但是计算的结果形式不同。样本分析使用 Simpson's Index of Diversity(1-D)。

2. 含义

其能直观地展示样本中菌群 OTU 的数目且可以评估出样本的多样性程度,群落多样性越高,物种分布越均匀,Shannon 指数越大。

(三)解读

由表 3-2 可知,感病叶片 BlisS2 样品中鉴定出的 OTU 数量最多,鉴定出 716.7 个,Shannon 指数也最高,为 3.718,表明发病第二阶段的菌群多样性最高且分布最均匀;BlisCK 鉴定出 536 个 OTUs,Shannon 指数为 2.744;BlisS3 鉴定的 OTU 数量为 535 个,Shannon 指数为 3.340;BlisS1 鉴定的 OTU 数量为 378 个,Shannon 指数为 2.318;而 BlisS4 鉴定的 OTU 数量最少,为 308 个,Shannon 指数为 2.553。与健康叶片 BlisCK 相比,感病叶片 BlisS2 的 Chao1 和 ACE 值偏高,而其他感病各组(BlisS1、BlisS3、BlisS4)均偏低,说明叶片感染病菌到一定程度时菌群多样性相对增高。Simpson 指数显示,以 BlisS2 最高,其他样品由高到低依次为 BlisS3、BlisS4、BlisCK、BlisS1,表示 BlisS2 菌群丰度相对较高。此外,Goods_coverage 指数均超过 0.998,说明测序数据有较好的完整性,真菌群中未被测到的数据极少。通过系统发育进化树距离的加和来计算的多样性指数 PD_whole_tree 显示菌种的多样性依次为 S2>S3>CK>S1>S4。

表 3-2　　Alpha 多样性指数统计表

样品	观测到的物种数目	Shannon	Simpson	Chao1	ACE	测序深度指数	物种亲缘关系
BlisCK1	500	2. 239	0. 464	559. 509	582. 755	0. 998	60. 095
			……				
BlisS43	324	3. 172	0. 764	358. 190	376. 816	0. 999	33. 994

拓展阅读

英文示例 3. 7

二、物种多样性曲线

(一)定义

等级聚类曲线(rank abundance)和稀释曲线(rarefaction curve)是常见的描述组内样本多样性的曲线,二者能够反映样品中物种的均匀度、丰度和测序数据量的合理性。

(二)组成与含义

1. 组成

稀释曲线的纵坐标表示 OTU Number(OTU 数量),横坐标表示 Sequences Number(随机抽取的测序条数);等级聚类曲线的纵坐标表示 Relative Abundance OTU(对应的 OTUs 的相对丰度),横坐标表示 Species Rank(OTUs 丰度排序的序号),二者都是以不同颜色的折线表示不同的样本。

2. 含义

该曲线可以通过多样性指数对测序的饱和度进行评估。

稀释曲线中,如果测序数据量渐进合理,则曲线趋向平坦;等级聚类曲线中,曲线在水平方向跨度越大,则物种的丰富度越高,在纵向越平缓,则物种的分布越均匀。

(三)解读

由图 3-8 可知,感病叶片组 BlisS1 和 BlisS2 的菌群丰度较高,而 BlisCK、BlisS3 和 BlisS4 的菌群丰度较低。随着数量的增加,稀释曲线逐渐趋于平稳,说明基本上已经覆盖到了所有的菌落。图 3-9 显示垂直方向较为平滑,说明菌落分布较为均匀。

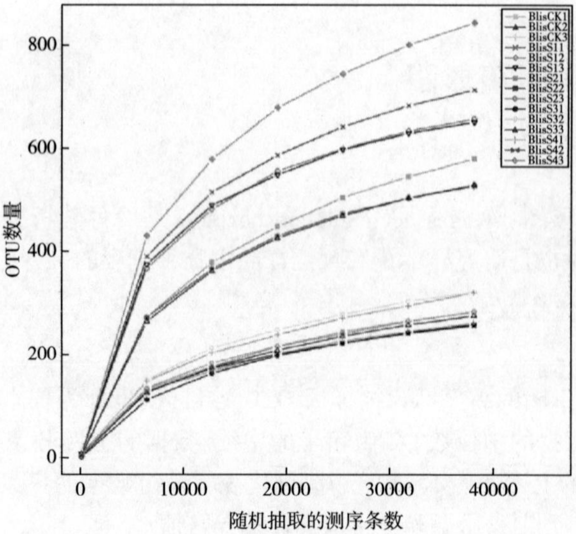

图 3-8　稀释曲线

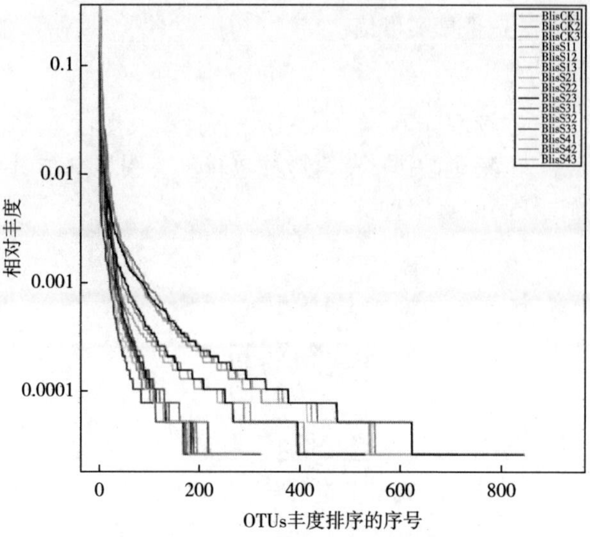

图 3-9　等级聚类曲线

拓展阅读

英文示例 3.8

三、物种累积箱形图

（一）定义

物种积累箱形图（species accumulation boxplot）是一种分析方法，它反映了样本量的增长，同时也是研究样本量和预测样品中物种丰度的一种有效手段。

（二）组成与含义

1. 组成

物种累积箱形图的纵坐标为抽样后 OTU 数目，横坐标为样本量，箱形图从上往下有 5 条线，数据的中位数 Q2 为箱子的中线，数据的上四分位数 Q3 和下四分位数 Q1 由箱子的上下底表示，上下边缘则代表了该组数据的最大值和最小值；箱子外“○”和“＊”分别表示温和异常值和极端异常值。

2. 含义

物种累积箱形图能反映新的 OTU 在连续采样中出现的速率，可判定样本的数量是否足够，实验数据是否真实可信。

（三）解读

由图 3-10 可知，连续取样下，新的 OTU 出现速率及图位置随样本数目的增大而逐渐变得平稳，表明该环境中的真菌物种数目没有明显增加，该测序的抽样量充足，能够覆盖测试样品的真菌种群。

拓展阅读

英文示例 3.9

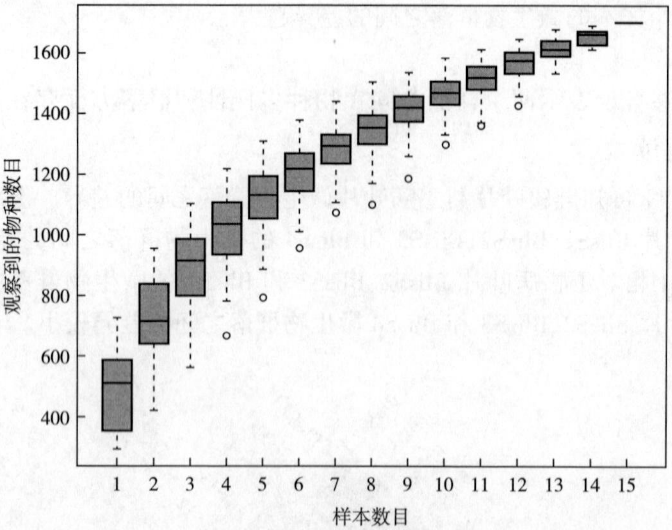

图 3-10　物种累积箱形图

第三节　多样本比较分析

多样本比较分析(beta diversity)是通过多变量统计学方法 Beta 多样性指数组间差异分析、主成分分析(PCA),主坐标分析(PCoA)、无度量多维标定法(NMDS)、非加权组平均聚类等对比和分析不同样品的菌落组成。

一、距离矩阵热图

(一)定义

在 Beta 多样性研究中,以 Weighted(加权) Unifrac 距离和 Unweighted(非加权) Unifrac 距离绘制的热图展示结果,并用 Weighted Unifrac 距离和 Unweighted Unifrac 距离两个指标来衡量两个样本间的相异系数。若两个样本在物种多样性方面存在的差异越小,那么两个样本间的相异系数越小。

(二)组成与含义

1. 组成

Beta 多样性指数热图方格中的数字为样本两两之间的相异系数,上下两个值分别代表 Weighted Unifrac 距离和 Unweighted Unifrac 距离。布雷柯蒂斯(Bray-Curtis)距离的范围在 0~2,0 代表两个样本的微生物群落没有任何差异;数值越接近 2,表示两个样本的微生物群落之间的差异越大。

2. 含义

该图能够直观表示两个样品之间在物种多样性和群落方面存在的差异。

(三)解读

由图 3-11 可知健康叶片与感病叶片微生物群落之间的差异。健康叶片 BlisCK 与感病叶片 BlisS1、BlisS2、BlisS3 和 BlisS4 的微生物群落之间的差异最大;感病叶片 BlisS1 相对于感病叶片 BlisS2、BlisS3 和 BlisS4 的微生物群落之间的差异较大;感病叶片 BlisS2、BlisS3 和 BlisS4 微生物群落之间的差异较小。

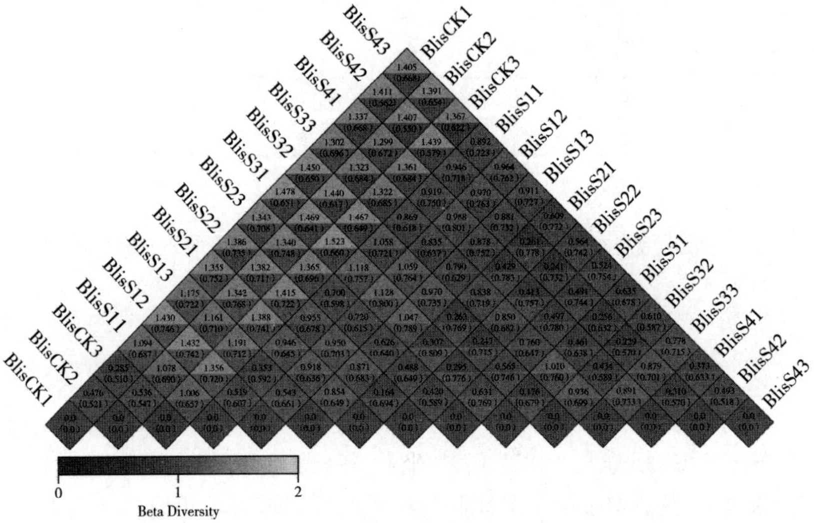

图 3-11　Beta 多样性指数热图

拓展阅读

英文示例 3.10

二、降维分析

（一）PCoA 分析

1. 定义

主坐标分析（principal coordinates analysis，PCoA）是一种探索和可视化数据相似性或相异程度的方法。通过一系列特征向量排序和特征值从多维数据中提取出最主要的元素和结构，基于 Unweighted Unifrac 距离和 Weighted Unifrac 距离来进行 PCoA 分析，并选取贡献率最大的主坐标组合进行作图展示。

对 PCoA 采用二维和三维两种展现形式，二维 PCoA 图选用了第一和第二主坐标进行展示，而三维 PCoA 图选取三个主坐标展示，并可灵活调整坐标，采用互动网页（图 3-12）展示。

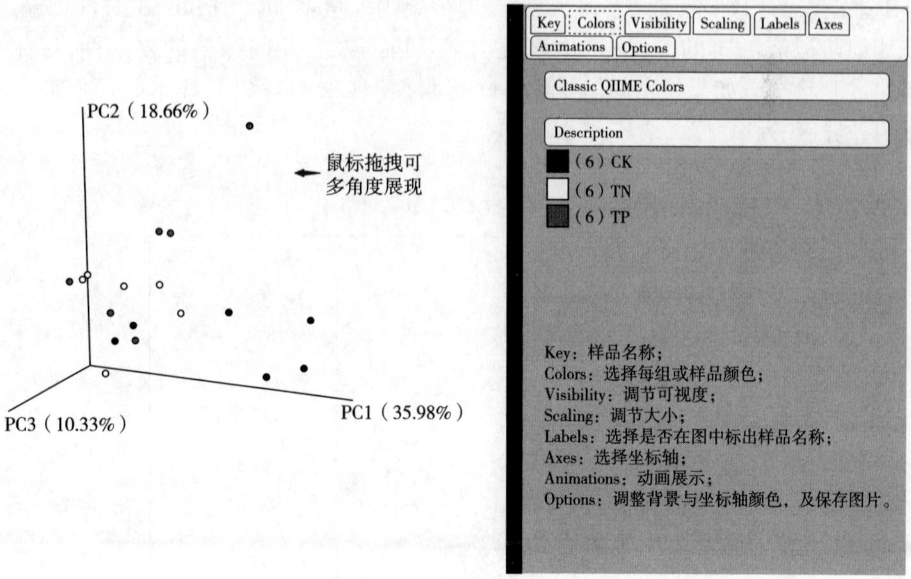

图 3-12　互动网页

2. 组成与含义

（1）组成　Weighted Unifrac 距离 PCoA 图和 Unweighted Unifrac 距离 PCoA 图的横、纵坐标都表示一个主坐标，百分比表示贡献值；不同的点代表不同的样品，相同的色彩代表相同的组，物种或者群落组成结构越相似，则样本较聚集，差异性越小。样本较分散的，则物种或者群落组成结构差异很大。

（2）含义　该图显示出各组之间组分真菌群落结构的差异趋势。

3. 解读

图 3-13 显示,第一主坐标 PC1 解释了群落差异的 59.42%,第二主坐标 PC2 解释了群落差异的 21.42%,两者共解释了群落差异的 80.84%;BlisCK 和 BlisS1 分别呈左上角和右下角分离状态,说明 BlisCK 和 BlisS1 真菌群落结构差异显著;BlisS2、BlisS3 和 BlisS4 相聚分布在右上角,说明此三组样品真菌群落结构差异不显著,而与 BlisCK 和 BlisS1 差异显著。由图 3-14 可知,第一、二主坐标分别解释了群落差异的 23.13%、9.92%,共解释了群落差异的 33.05%;BlisCK 与感病叶片各组显著分离,说明健康叶片与感病叶片真菌群落结构差异显著;而 BlisS1 和 BlisS2 与 BlisS3 和 BlisS4 分离较大,说明差异较为明显,但 BlisS1、BlisS2、BlisS3 和 BlisS4 真菌群落结构差异不显著。比较两幅 PCoA 图,Weighted Unifrac 距离对样本的区分度更大,说明加入丰度的权重后,增大了 PC1 的贡献度,而且在 PC1 上呈现出一定的发病时间线,这表明菌落数量的增长也是重要的病征之一;而在 Unweighted Unifrac 距离计算的 PCoA 图中,仅从菌落的种类来降维区分,CK 与 S4 在 PC1 上就没有差别了,而 S1 和 S2 阶段的种类则大量增加。但 BlisS3 的重复较差,与其他阶段有一定的交叉,这也表现出了茶饼病发病期间菌落的复杂性,存在一定的过渡状态。如果按 CK(正常)、S1(初期)、S4(末期)采样,样本间可以取得明显的差异区分。

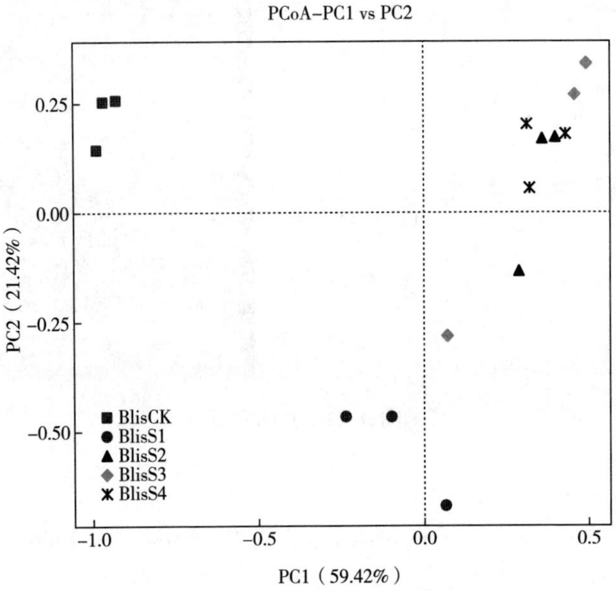

图 3-13　Weighted Unifrac 距离 PCoA

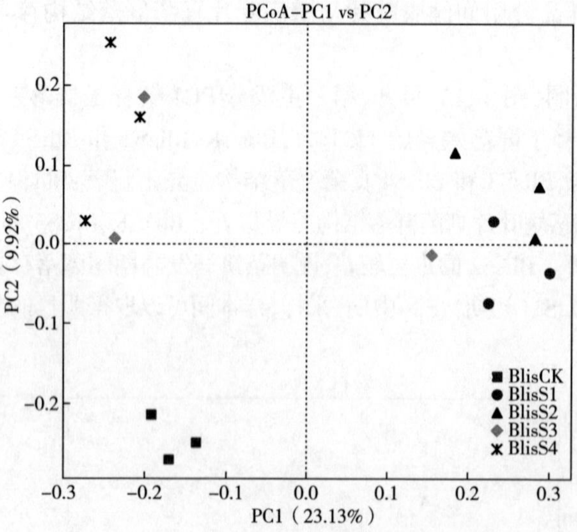

图 3-14　Unweighted Unifrac 距离 PCoA

拓展阅读

英文示例 3.11

(二)PCA 分析

1. 定义

主成分分析(principal component analysis,PCA)是一种无监督模式识别的多维数据统计分析方法。

注:PCA 用 R 软件的内置统计 prcomp 函数,设置 prcomp 函数参数 scale = True,表示对数据进行单位方差缩放(unit variance scaling,UV)归一化。

2. 组成与含义

(1)组成　PCA 分析图的横坐标代表主成分 PC1,纵坐标代表主成分 PC2,依此类推;百分比表示主成分对样品差异的贡献值,图中的不同的点表示不同的样品,同一种颜色的样品为同一个组,PC1 为最主要的主成分,PC1 占比率较高,意味着通过 PC1 就能够将两个样本区分开,PC2 区分重复,PC2 基本不看,重复之间相隔较近,说明试验设计合理。

(2)含义　该分析图显示出各组之间组分分离的趋势和处理组内的重复性及

相似性,表示各样品分组间健康叶片与感病叶片真菌群落结构存在差异。

3. 解读

由 PCA 分析图(图 3-15)可知,第一主成分 PC1 解释了群落差异的 18.23%,第二主成分 PC2 解释了群落差异的 15.14%;BlisCK、BlisS3 和 BlisS4 分别呈左侧聚集状态,说明 BlisCK、BlisS3 和 BlisS4 真菌群落结构差异不显著;BlisS1 和 BlisS2 呈分离状态,说明此两组感病叶片真菌群落结构差异显著。BlisCK、BlisS3 和 BlisS4 在 PC1 上无差别且重复性好。BlisS2 的重复较差,说明茶饼病发病期间菌落存在一定的复杂性。如果按 CK(正常)、S1(初期)、S2(中期)采样,样本间可以取得明显的差异区分。

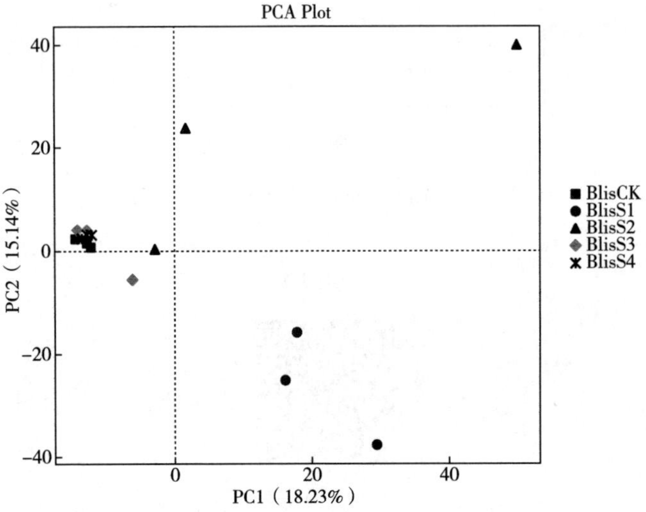

图 3-15　PCA 分析图

拓展阅读

英文示例 3.12

(三)NMDS 分析

1. 定义

无度量多维标定法(Non-Metric Multi-Dimensional Scaling,NMDS)统计是一种适用于生态学研究的排序方法。无度量多维标定法是基于 Bray-Curtis 距离来进行分析的非线性模型,根据样本中包含的物种信息,以点的形式反映在二维平面上。无度量多维标定法的目的是克服线性模型(PCA、PCoA)的缺点,更好地反映生态学数据的非线性结构。应用无度量多维标定法分析,根据样本中包含的物种信息,以点的形式反映在多维空间上,而对不同样本间的差异程度,则是通过点与点间的距离体现,能够反映样本的组间和组内差异等。

2. 组成与含义

(1)组成　无度量多维标定法分析图中同一个组的样本使用同一种颜色表示,每个点表示一个样本,点与点之间的距离表示差异程度。Stress 值(应力值)小于 0.2 时,说明无度量多维标定法可以准确反映样本间的差异程度。

(2)含义　其可直观地了解健康叶片与感病叶片之间群落结构的差异程度。

3. 解读

由图 3-16 可知,健康叶片 BlisCK 与感病叶片组各自呈分离状态,且 Stress 值小于 0.2,表明 5 组样品真菌菌落有显著结构差异。在多维缩放坐标(MDS1 和 MDS2)上,BlisS1 和 BlisS4 样本组各样品组内间的距离相对较近聚集,表明各样品组内之间比较相似。BlisS3 样品组内呈分散状态,表明各样品组内之间相似性较低。

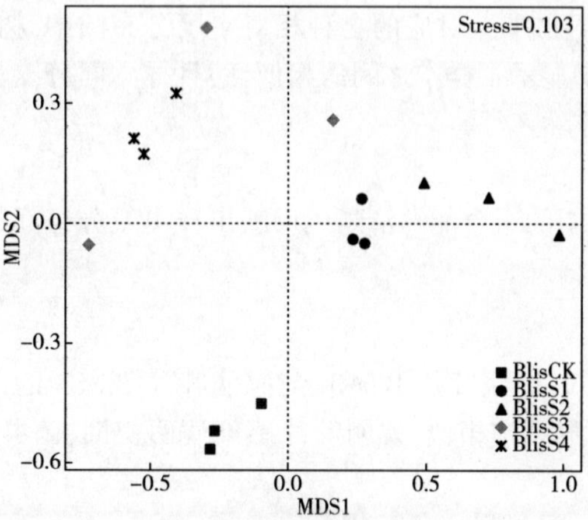

图 3-16　NMDS 分析图

拓展阅读

英文示例 3.13

三、UPGMA 聚类树

(一)定义

非加权配对算术平均法(unweighted pair-group method with arithmetic mean, UPGMA)是一种研究不同样本间相似性的聚类分析方法。基于各样品的 OTU 分析结果,可以挑选出丰度较高的 OTU,并构建这些 OTU 的系统发育树,并辅助热图结果展示。不同分组或样本中的各个 OTU 的相对丰度大小一目了然。

此外,还可以通过对样本进行聚类分析,构建样本的聚类树。在环境生物学中,非加权配对算术平均法较为常用,用最常用的 Unweighted Unifrac 和 Weighted Unifrac 两个指标来衡量两个样品间的相异系数,其值越小,表示这两个样品在物种多样性方面存在的差异越小。

(二)组成与含义

1. 组成

非加权配对算术平均法聚类树左、右边分别为非加权配对算术平均法聚类树结构,每个样品在门水平上对应的物种相对丰度分布图中,树枝不同颜色代表不同的分组,聚类结果显示了样本之间的相似性,且样本间分支长度越长,样本间的相似性越弱,反之亦然。

2. 含义

聚类树与柱形图的组合能够清晰地反映出样本或分组间的相似性,又能展示样本内的元素组成信息。

(三)解读

由图 3-17 可知,健康叶片 BlisCK 与感病叶片 BlisS3 的菌群结构差异最大;BlisS1 与 BlisCK 菌群结构相似,说明叶片感染病菌初期,菌群结构与健康叶片差异不大。

拓展阅读

英文示例 3.14

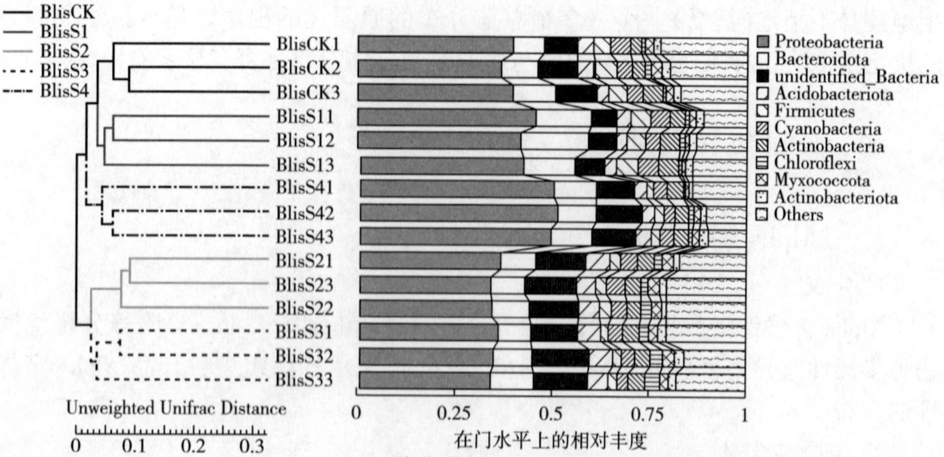

（1）基于Unweighted Unifrac 距离

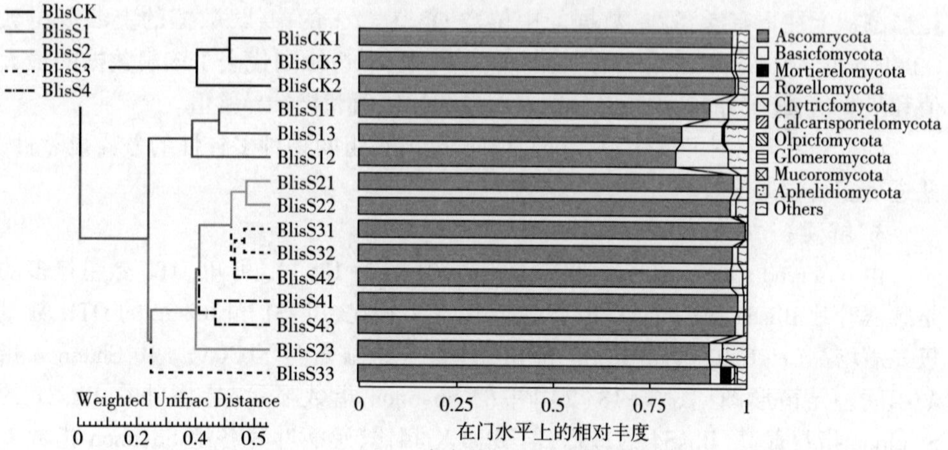

（2）基于Weighted Unifrac距离

（1）Proteobacteria—变形菌门；Bacteroidota—拟杆菌门；unidentified Bacteria—未鉴定的细菌；Acidobacteriota—酸杆菌门；Firmicutes—厚壁菌门；Cyanobacteria—蓝藻门；Actinobacteria—放线菌门；Chloroflexi—绿弯菌门；Myxococcota—黏球菌门；Actinobacteriota—放线菌门；Others—其他。（2）Ascomycota—子囊菌门；Basidomycota—担子菌门；Mortierellomycota—被孢霉门；Rozellomycota—罗兹菌门；Chytridiomycota—壶菌门；GS01—GS01；Glomeromycota—球囊菌门；Mucoromycota—毛霉门；Olpidiomycota—石霉门；Calcarisporiellomycota—钙孢霉门；Others—其他。

图 3-17　UPGMA 聚类树

第四节　统计检验

统计检验亦称“假设检验”。在一定的可靠性水平上，根据抽样结果，判断是拒绝还是不拒绝(接受)一个或多个总体分布的原假设的程序。是否拒绝原假设的决定常取决于样本统计量的数值与所假设的总体参数是否有显著差异。

一、组间差异分析

(一)Alpha 多样性指数组间差异分析

1. 定义

Alpha 多样性指数组间差异分析是利用 Tukey 检验、*T*-test 检验等分析组间物种多样性差异是否显著,以箱形图(Box-plot)展示样品组中各样品 Alpha 多样性的分布。

2. 组成与含义

(1)组成　物种累积箱形图的纵坐标为抽样后 OTU 数目,横坐标为样本量,箱形图从上往下有 5 条线,数据的中位数 Q2 为箱子的中线,数据的上四分位数 Q3 和下四分位数 Q1 由箱子的上、下底表示,上、下边缘则代表了该组数据的最大值和最小值;箱子外"○""＊"分别表示温和异常值和极端异常值。

(2)含义　该图可反映各 Alpha diversity 值在组间物种多样性的差异显著性,并进行多组数据比较。

3. 解读

由 observed species 指数组间差异箱形图[图 3-18(1)]可知,OTU 数量最多的是感病叶片 BlisS2,最少的为 BlisS4;与 BlisCK 相比,BlisS1 和 BlisS2 的 OTU 数量极显著增高($P<0.01$),而 BlisS3 和 BlisS4 差异不显著($P>0.05$)。由 Shannon 指数组间差异箱形图[图 3-18(2)]中的 Shannon 指数显示,感病叶片 BlisS1 的 Shannon 指数最高,BlisS4 的最低;与 BlisCK 相比,感病叶片各组 Shannon 指数差异不显著($P>0.05$);与 BlisS1 相比,BlisS3 和 BlisS4 的 Shannon 指数差异极显著($P<0.01$),说明叶片感病程度影响菌群的丰度和多样性。由 ACE 指数间差异箱形图[图 3-18(3)]可知,OTU 的数量在组间的分布差异结果与 observed species 指数间差异箱形图类似。

拓展阅读

英文示例 3.15

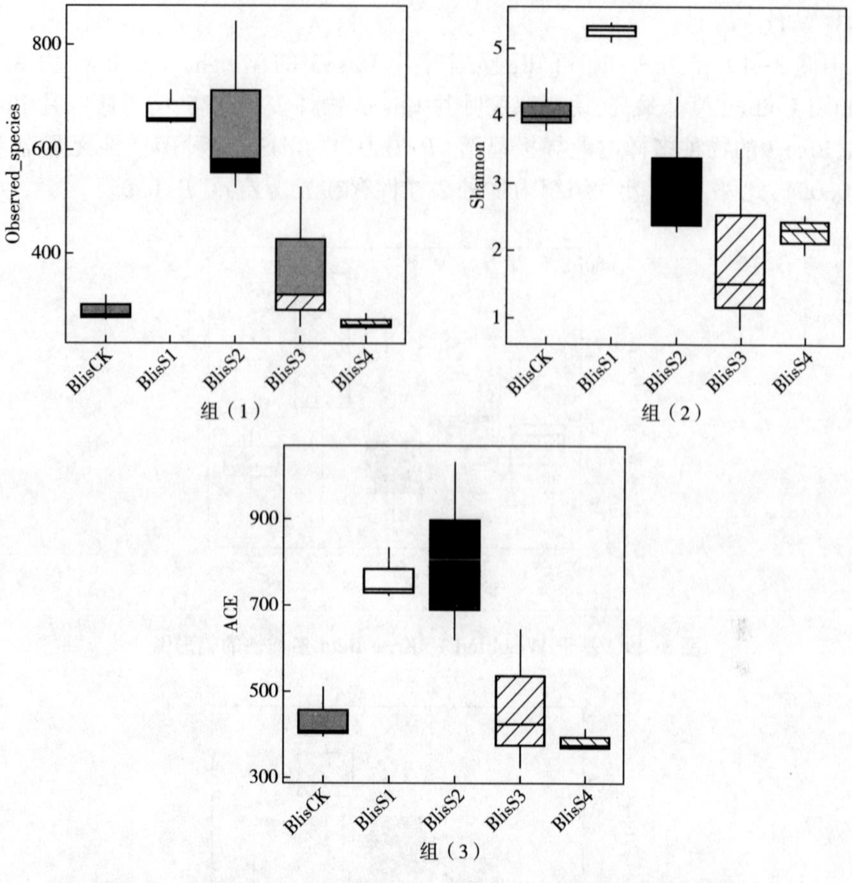

图 3-18　Observed_species、Shannon 和 ACE 指数组间差异箱形图

注：Chao1、Goods_coverge、Simpson、PD_whole_tree 指数组间差异箱形图略

(二)Beta 多样性指数组间差异分析

1. 定义

Beta 多样性指数组间差异分析即分析组间物种 Beta 多样性差异是否显著，利用图基检验（Tukey 检验）、wilcoxon 秩和检验和 *T*-test 检验进行分析。

2. 组成与含义

(1)组成　箱形图的纵坐标为抽样后的 OTU 数目，横坐标为样本量，箱形图从上往下有 5 条线，数据的中位数 Q2 为箱子的中线，数据的上四分位数 Q3 和下四分位数 Q1 由箱子的上、下底表示，上、下边缘则代表了该组数据的最大值和最小值；箱子外“○”“ * ”分别表示温和异常值和极端异常值。

(2)含义　该分析可清晰地反映组内样本相似性的最大值、异常值等，并能反映原始数据的分布特点，且对多组数据进行对比。

3. 解读

由图 3-19 和图 3-20 可知，感病叶片 BlisS3 的 Weighted Unifrac 值和 Unweighted Unifrac 值都最高，说明感病叶片 BlisS3 物种多样性高；与健康叶片 BlisCK 相比，BlisS3 的物种多样性差异极显著($P<0.01$)，BlisS4 物种多样性无显著差异($P>0.05$)；此外，感病叶片组组内物种多样性存在显著差异($P<0.05$)。

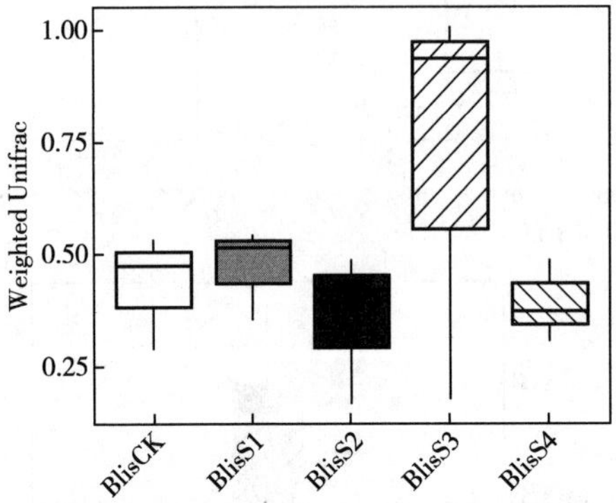

图 3-19 基于 Weighted Unifrac Beta 多样性的箱形图

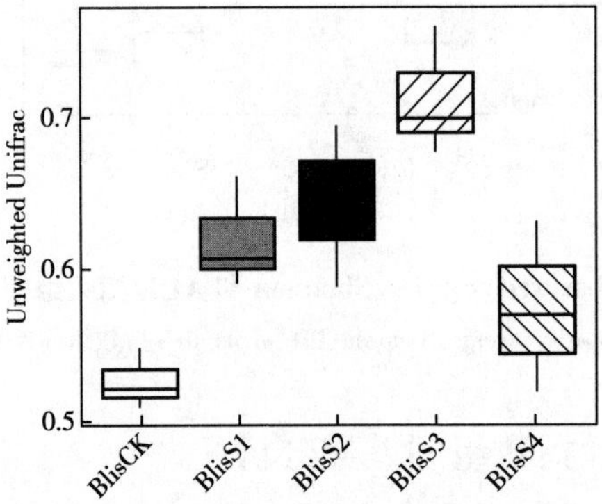

图 3-20 基于 Unweighted Unifrac Beta 多样性的箱形图

拓展阅读

英文示例 3.16

二、组间群落结构差异显著性检验

（一）Anosim

Anosim 分析是利用 R 软件的 vegan 包 anosim 函数，基于 Bray-Curtis 距离值的秩次进行组间差异显著性检验。

1. Anosim 组间差异分析表

（1）定义　Anosim 组间差异分析表是根据 Anosim 分析所得出的数据制作成的表格。

（2）组成与含义　①组成：Anosim 组间差异分析表由 3 列组成，依次为样本处理组（Group）、*R* 值（*R*-value）、*P* 值（*P*-value）。根据 Anosim 组间差异分析表中分析到的结果可绘制 Anosim 组间差异分析图和 NMDS 分析图。

②含义：该表能确定样本不同组之间的显著性，常以 Anosim 组间差异分析表中分析的结果绘制 Anosim 组间差异分析图展示。

（3）解读　由表 3-3 可知，样品不同组之间的 *R* 值都大于 0，说明样品不同分组之间的差异大于样品组内的差异，则分组合理。CK 与 S1 组的不同组之间的 *P* 值较小，说明 CK 与 S1 组的不同组之间的差异大。

表 3-3　　Anosim 组间差异分析

样本处理组	*R* 值	*P* 值
BlisS4-BlisS2	0.4444	0.2
BlisS3-BlisS2	0.03704	0.6
	……	
BlisCK-BlisS3	1	0.1
BlisCK-BlisS1	1	0.1

拓展阅读

英文示例 3.17

2. Anosim 组间差异分析图

（1）定义　Anosim 组间差异分析图是根据 Anosim 分析所得出的数据绘制成的图。

（2）组成与含义　①组成：Anosim 组间差异分析图横、纵坐标分别表示两组之间的结果（Between）、样本间距离的秩，Anosim 组间差异分析图是 Anosim 的分析结果可视化的方式之一。

②含义：该图能确定样本不同组之间的显著性。

（3）解读　由 Anosim 组间差异分析（图 3-21）可知，其中 Between 为 BlisCK 与 BlisS1 组内的差异，R 值为 1>0，而 P 值为 0.1，远大于 0.05，表明 BlisCK 与 BlisS1 两组之间的差异并不显著，组内差异大于组间差异，说明健康叶片与前期感病叶片真菌群组成无明显差异，且组内差异大于组间差异。

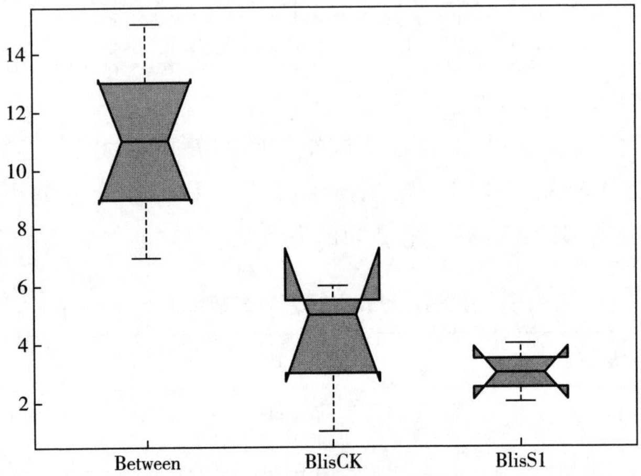

图 3-21　Anosim 组间差异分析图

拓展阅读

英文示例 3.18

（二）MRPP

1. 定义

多响应置换过程分析（Multiple Response Permutation Procedure，MRPP）是用于

分析组间微生物群落结构的差异是否显著的参数检验，利用 R 软件 vegan 包中的 mrpp 函数配合 PCA 等降维图使用，MRPP 的详细计算过程可查看 R 包中 MRPP 的函数说明。

2. 组成与含义

（1）组成　MRPP 组间差异分析表由 5 列组成，依次为组别（Group）、A 值、观测-德尔塔值（Observed-Delta 值）、显著性值（Significance 值）、期望-德尔塔值（Expected-Delta 值）。Observed-Delta 值和 Expected-Delta 值越小，则表明组内、组间差异越小。

（2）含义　该分析能够判断样品组之间实验数据的整体相似性及群落结构的差异是否显著。

3. 解读

由表 3-4 可知，不同组的 A 值都大于 0，显著性值大于 0.05，说明不同组间差异大于组内差异且差异显著。其中 BlisS2-BlisS4 组的观测-德尔塔值最小，说明 BlisS2-BlisS4 组内差异小；BlisCK-BlisS3 组的期望-德尔塔值最大，说明 BlisCK-BlisS3 组间差异大。

表 3-4　　MRPP 组间差异分析

组别	A	观测-德尔塔值	期望-德尔塔值	显著性值
BlisCK-BlisS2	0.5373	0.283	0.6117	0.1
		……		
BlisS1-BlisS4	0.3764	0.2885	0.4627	0.1

拓展阅读

英文示例 3.19

（三）Adonis

1. 定义

Adonis 多因素方差分析又称置换多因素方差分析（permutational MANOVA）或非参数多因素方差分析（nonparametric MANOVA）。

2. 组成与含义

(1)组成　Adonis 组间差异分析表由 7 列组成,依次为 Vs_group(表示组别比较)、df(表示自由度)、SumsOfSqs(表示离差平方和)、F. Model(表示 F 检验值)、R^2(表示分组方差与总方差的比值)、Pr(>F)(表示 P 值)、MeanSqs(表示均方)。利用 R^2、Pr(>F)的结果分析可绘制 PCA 图和 PCoA 图展示。

(2)含义　该方法能分析不同分组对样品差异的解释度和 P 值。

3. 解读

由表 3-5 可知,BlisS4-BlisCK 组对样品差异的解释度最高,BlisS3-BlisS1、BlisS3-BlisCK 和 BlisS4-BlisS1 的 Pr(>F)值都小于 0.05,表明这三组间差异显著。

表 3-5　Adonis 组间差异分析

组别比较	自由度	离差平方和	均方	F 值	R^2	P 值
BlisS3-BlisS4	1(4)			1.1512		0.3
			……			
BlisCK-BlisS2	1(4)			21.744		0.1

(四)Amova

1. 定义

分子方差分析法(analysis of molecular variance,AMOVA)与方差分析(analysis of variance,ANOVA)类似,是基于加权或非加权 Unifrac 距离矩阵,检验不同组间差异显著性的非参数分析方法。我们基于 Unifrac 距离,使用 mothur 软件 amova 函数进行组间差异分析。

2. 组成与含义

(1)组成　Amova 组间差异分析表由 6 列组成,依次为 Vs_group、SS(表示总方差,又称离差平方和)、df(表示自由度)、MS 表示均方(差)(SS/df)、Fs(表示 F 检验值)、P-value(表示 P 值,小于 0.05 说明组间差异显著)。

(2)含义　该方法可检验不同组间差异显著性。

3. 解读

由表 3-6 可知,BlisCK-BlisS1-BlisS2-BlisS3-BlisS4 的 P 值大于 0.05,说明组间差异不显著。

表 3-6　　　　Amova 组间差异分析(Weighted_Unifrac_amova)

组别比较	总方差	自由度	均方	F 检验值	*P* 值
BlisCK-BlisS4		1(4)		29.919	0.079
		……			
BlisCK-BlisS1		1(4)		18.952	0.058

三、组间差异物种分析

组间差异物种分析主要是利用统计分析,发现各分组间差异显著的物种及分析分组间的富集情况,对组内差异和组间差异的大小进行比较,从而判断不同分组间的群落结构差异是否存在明显的相关性。

(一) *T*-test

1. 定义

T-test 检验是分析门、纲、目、科、属、种等水平上组间差异物种($P<0.05$)的检验。

2. 组成与含义

(1)组成　*T*-test 组间物种差异分析图中左、右图分别为组间差异物种丰度、差异置信展示,条形代表显著物种在每个组中的均值,圈表示均值的差,圈的右、左端点分别为均值差 95% 置信区间的上、下限,圈颜色代表均值高的一组。

(2)含义　该方法可直观地看出在两组中具有显著性差异的物种。

3. 解读

由 *T*-test 组间物种差异分析(图 3-22)可知,在门(Phylum)水平上,差异显著的物种有 1 门($P<0.05$),为子囊菌门(Ascomycota),BlisCK 相对丰度较高于 BlisS1。

在纲(Class)水平上,差异显著的物种有 4 门($P<0.05$),为粪壳菌纲(Sordariomycetes)、散囊菌纲(Eurotiomycetes)、伞菌纲(Termellomycetes)、茶渍菌纲(Lecanoromycetes),均为 BlisS1 相对丰度显著高于 BlisCK。

在目、科、属、种水平上分析同上。

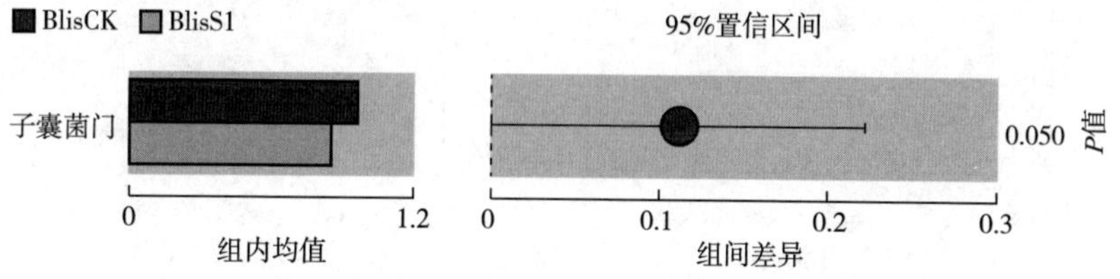

图 3-22　*T*-test 组间物种差异分析图(BlisCK-vs-BlisS1)

拓展阅读

英文示例 3.20

(二)MetaStats

1. 定义

MetaStats 是通过对 *P* 值的校正并筛选,研究组间具有显著性差异的物种,并以组间的丰度分布箱图进行可视化展示的方法。

2. 组成与含义

(1)组成　组间物种显著性差异统计图的横、纵轴分别为样本分组、对应物种的相对丰度。横线表示具有显著性差异的两个分组,“ * ”“ ** ”分别表示两组间差异显著($P<0.05$)、差异极显著($P<0.01$)。

(2)含义　该方法可以快速地对分组的有效性进行评估,以 *P* 值校正来获得更准确的结果。

3. 解读

由图 3-23 可知,在门水平上,其他菌群在 BlisS1、BlisS2 和 BlisS3 中的组间差异极显著($P<0.01$),BlisS1 中其他菌群的相对丰度最高。在纲水平上,显示出丰度高且具有差异性的物种主要为 p_Ascomycota_c_Eurotiomycetes,BlisS1、BlisS2、BlisS3 和 BlisS4 组间差异极显著($P<0.01$)。

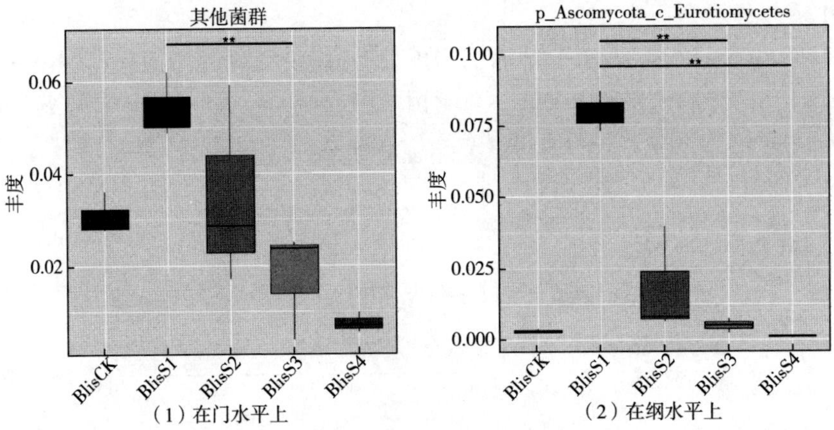

图 3-23　组间物种显著性差异统计图

（三）Simper

1. 定义

Simper（Similarity percentage）分析是利用 R 软件 vegan 包中的 simper 函数，对两组间差异贡献度最高的 10 个物种及其丰度进行展示。

2. 组成与含义

（1）组成 Simper 差异贡献度图中的横、纵轴分别为样本和物种，Contribution 为两组差异性中的贡献度，气泡大小为物种相对丰度。

（2）含义 该分析可直观地显示健康叶片与感病叶片中真菌群落的丰度和贡献度。

3. 解读

由图 3-24 可知，贡献度排名前 10 的物种有子囊菌门（Ascomycota）、担子菌门（Basidiomycota）、其他门（Others）、被孢霉门（Mortierellomycota）、罗兹菌门（Rozellomycota）、壶菌门（Chytridiomycota）、球囊菌门（Glomeromycota）、毛霉门（Mucoromycota）、无裂霉门（Aphelidiomycota）、虫霉菌门（Calcarisporiellomycota），其中子囊菌门（Ascomycota）、担子菌门（Basidiomycota）和被孢霉门（Mortierellomycota）的相对丰度和贡献度在各组比较显著。

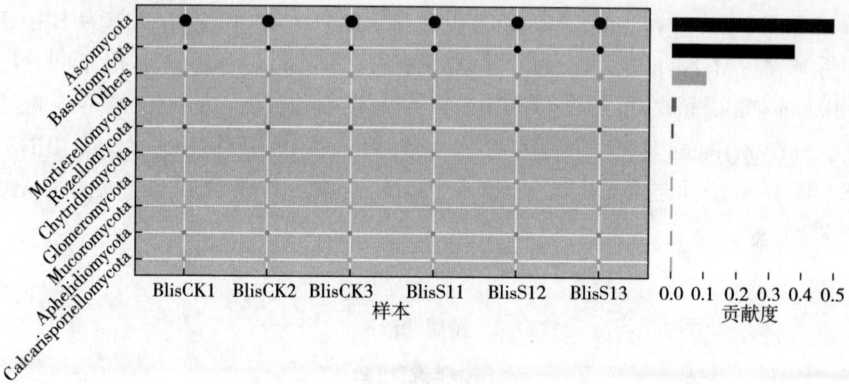

图 3-24 Simper 差异贡献度图

拓展阅读

英文示例 3. 21

(四)LEfSe

1. 定义

LEfSe(LDA Effect Size)是一种强调统计意义和生物相关性的工具,其结果以LDA值分布柱状图、进化分支图和丰度比较图进行可视化展示。

2. 组成与含义

(1)组成　LDA值分布柱状图中柱形图的长度表示差异物种的影响大小(LDA Score)、LDAScore大于4的物种为生物标志物(biomarker);进化分支图上的圆圈,从里到外,代表着界、门、纲等的种类,节点大小表示物种丰度,黄色的结点是没有显著性差异,红色的结点则代表有显著性差异。

(2)含义　便于寻找组与组之间微生物菌种具有统计学差异的biomarker。

3. 解读

由图3-25可知,通过对BlisCK-BlisS1-BlisS2-BlisS3-BlisS4的LEfSe分析,我们发现LDA score>4的生物标志物共有34个,包括Hypocreales肉座菌目、unidentified_Ascomycota_sp未鉴定的子囊菌门物种、Schizothyriaceae裂菌科、unidentified_Pezizomycotina未鉴定的盘菌亚门、Dissoconiaceae分生孢子菌科、*Acidiella*_sp酸菌属物种等。图3-2展示了LEfSe对应的进化分支图,可以看出Schizothyriaceae裂盾科、Teratosphaeriaceae畸胎腔菌科、Acidiella_sp酸霉菌科、unidentified_Pezizomycotina未鉴定的盘菌亚门等16个菌种可以作为BlisCK的生物标志物;Mycosphaerellaceae球腔菌科、Dissoconiaceae分生孢子菌科、Aspergillaceae曲霉科等可以作为BlisS1的生物标志物;Cladosporiaceae枝孢菌科、Dothideomycetes座孢菌纲等可以作为BlisS3的生物标志物;而BlisS1和BlisS4各有一个生物标志物,分别是Hypocreales肉座菌目和Sordariomycetes粪壳菌纲。

拓展阅读

英文示例3.22

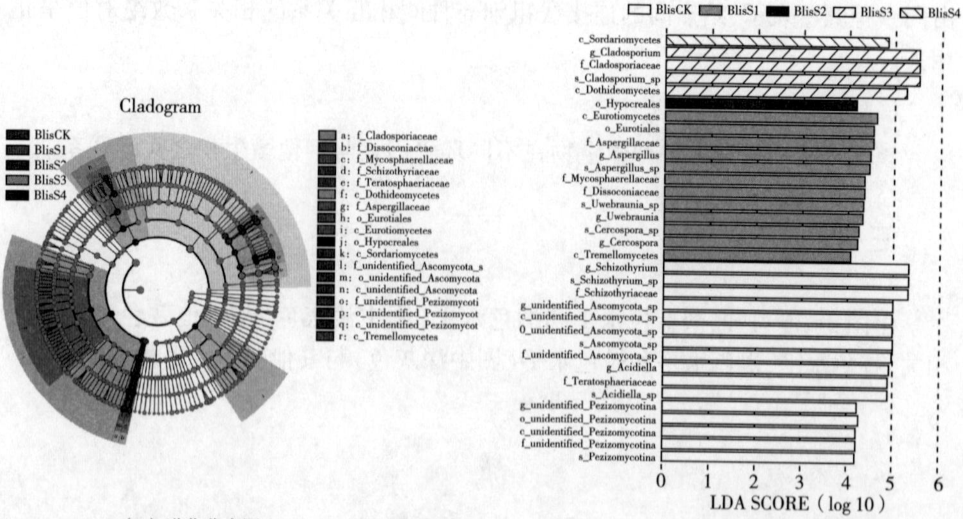

（1）进化分支图　　　　（2）LDA值分布柱状图

Sordariomycetes—粪壳菌纲；*Cladosporium*—枝孢菌属；Cladosporiaceae—枝孢科；Dothideomycetes—座囊菌纲；Eurotiomycetes—环囊菌纲；Hypocreales—肉座菌目；Eurotiales—曲霉目；Aspergillaceae—曲霉科；*Aspergillus*—曲霉属；Mycosphaerellaceae—球腔菌科；Dissoconiaceae—锥梗菌科；*Uwebraunia*—乌氏霉属；*Cercospora*—尾孢菌属；*Cercospora*—尾孢菌属；Tremellomycetes—银耳菌纲；*Schizothyrium*—裂盾菌属；*Schizothyrium*_sp—裂盾菌属；Schizothyriaceae—裂盾菌科；Ascomycota—子囊菌门；*Acidiella*—酸菌属；Teratosphaeriaceae—畸胎座菌科；Pezizomycotina—盘菌亚门。

图 3-25　LEfSe 分析

第五节　关联分析与模型预测

一、定义

共发生网络图通过选取前 100 的微生物属进行相关系数[皮尔逊(Pearson)相关系数、斯皮尔曼(Spearman)相关系数、肯德尔(Kendall)相关系数]的计算,然后选取相关系数大于 0.6 或者小于-0.6 且显著(P 值小于 0.05)的连接作为有效连接绘制网络图,并研究微生物环境的群落结构和功能。

二、组成与含义

(一)组成

动态网络图中每个节点为不同属,节点大小为连接度(Degree),同一门水平由同一种颜色表示，结点间的连接线粗细与种间相互关系的相关系数绝对值呈正相关。

（二）含义

该图可清晰地看出一种微生物在不同环境因素与其他微生物之间的联系。

三、解读

由图 3-26 可知，淡蓝色水平和橘色水平（图中浅灰色）与其他颜色水平显著相关，红色水平、褐色水平和粉色水平（图中深灰色）与其他颜色水平相关性差。

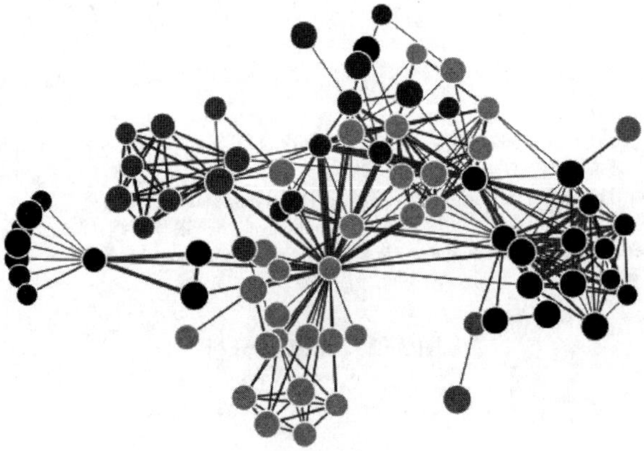

图 3-26　动态网络图

拓展阅读

英文示例 3. 23

第六节　功能预测

基于组装序列，我们可以实现基因预测、物种注释、功能注释等相关分析，从而研究微生物菌群结构、菌属功能及作用机制。

一、功能注释相对丰度展示

(一)定义

利用 ITS 或 18S 技术,可得到环境中存在的真菌种类和其丰度信息。FunGuild(一款基于 ITS 的功能预测软件)可根据真菌的种类进行分类,从而得到相应的真菌的生态功能。

(二)组成与含义

1. 组成

FunGuild 功能注释相对丰度柱形图的横坐标为各组分名称(group name),纵坐标为相对丰度(relative abundance),右侧标注为各真菌种类名称。

2. 含义

该图可直观展示感病叶片内生植物病原菌(Endophyte-plant pathogen)占真菌总丰度的各比例以及绝对优势情况。

(三)解读

根据图 3-27 可知,发现内生植物病原菌占真菌总丰度的绝对优势,BlisS2、BlisS3 和 BlisS4 均高达 75% 以上,BlisS1 为 30% 左右,BlisCK 仅占 5%。未定义(NULL、Unassigned)的真菌群落 BlisCK 占 70%,感病叶片各组占 12%~25%;土壤腐生菌(Soil saprotroph)在 BlisCK 中的相对丰度为 18%,在感病叶片各组中仅占 1%~3%;未定义腐生菌(Undefined saprotroph)在感病叶片 BlisS1 的比例较 BlisCK 高 10%,其他各组均较低(小于 5%)。此外,还发现感病叶片各组的菌群类型多于 BlisCK。

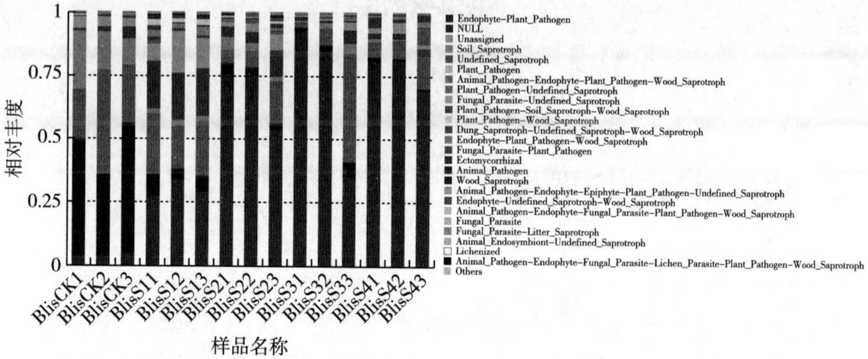

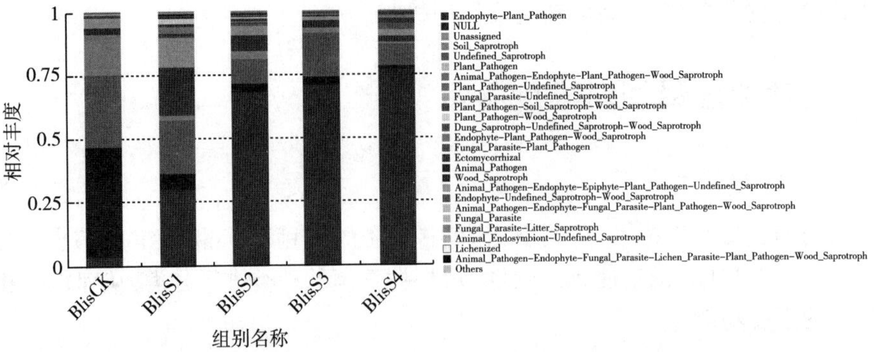

Endophyte-Plant_Pathogen—内生植物_病因；Unassigned—未分配；Soil_Saprotroph—土壤_腐生菌；Undefined_Saprotroph—未定义_腐生菌；Plant_Pathogen—植物_病原体；Animal_Pathogen-Endophyte-Plant_Pathogen-Wood_Saprotroph—动物_病原菌-内生植物_致病菌-食物_腐生菌；Plant_Pathogen-Undefined_Saprotroph—植物_无公害_腐生菌；Fungal_Parasite-Undefined_Saprotroph—真菌_寄生虫_非定殖菌；Plant_Pathogen-Soil_Saprotroph-Wood_Saprotroph—植物_病原菌_土壤_疏林_疏林；Plant_Pathogen-Wood_Saprotroph—植物_病原菌_防腐剂；Dung_Saprotroph-Undefined_Saprotroph-Wood_Saprotroph-Dung，无定形腐植酸_防腐木_防腐木；Endophyte-Plant_Pathogen-Wood_Saprotroph—内生植物_病原植物_营养植物；Fungal_Parasite-Plant_Pathogen—真菌_寄生植物_病原体；Ectomycorrhizal—外生菌根；Animal_Pathogen—动物_病原体；Wood_Saprotroph—木_腐生菌；Animal_Pathogen-Endophyte-Epiphyte-Plant_Pathogen-Undefined_Saprotroph—动物_病原菌-内生植物-附生植物_致病菌-无限制_腐生菌；Endophyte-Undefined_Saprotroph-Wood_Saprotroph—内生植物-未定义_腐植植物-食物_疏植植物；Animal_Pathogen-Endophyte-Fungal_Parasite-Plant_Pathogen-Wood_Saprotroph—动物_病原菌-内生真菌_寄生植物_致病菌-食物_腐生菌；Fungal_Parasite—真菌_寄生虫；Fungal_Parasite-Litter_Saprotroph—真菌_寄生菌_嗜酸乳杆菌；Animal_Endosymbiont-Undefined_saprotroph—动物_未定义的内共生体_腐生菌；Lichenized—地衣化；Animal_Pathogen-Endophyte-Fungal_Parasite-Lichen_Parasite-Plant_Pathogen-Wood_Saprotroph—动物_病原菌_内生真菌_寄生菌_寄生植物_致病菌_异养菌；NULL—无；Others—其他。

图 3-27 FunGuild 功能注释相对丰度柱形图

拓展阅读

英文示例 3.24

二、功能相对丰度聚类分析

(一)定义

功能相对丰度聚类分析是指通过对样本的功能注释和丰度的分析，选择丰度最高的 35 种功能及其丰度信息，绘制出各样本的热图，并在不同的功能水平上进行聚类。

（二）组成与含义

1. 组成

FunGuild 功能注释聚类热图中的横、纵坐标分别代表物种注释信息、样本信息；上面的簇代表对各种样本的分析，左边为物种聚类树；通过方格颜色比较分组间物种的丰度差异，颜色越趋近红色，表示对应分组/样本该物种的丰度越高，热图对应的值为每一行物种相对丰度经过标准化处理后得到的 Z 值。

2. 含义

该图可直观展示各分组间的基因整体表达模式，便于了解同组之间不同样本的重复程度。

（三）解读

通过 FunGuild 功能注释聚类热图（图 3-28）可知，在 5 组样品中，各样品可以根据种类进行聚类，特别是 BlisCK 组、BlisS1 组和 BlisS4 组样品的高度集中，表明同一种样品之间的真菌微生物群落结构体系的形成关系比较相近。在 BlisCK 组健康叶片中土壤腐生菌所含的属丰度最高，感病叶片 BlisS1 组中未鉴定的腐生菌、植物病原菌都相对较高，在感病叶片 BlisS2 菌群中外生菌根、内生菌-未定义的腐生菌-木材腐生菌都分布较广，感病叶片 BlisS3 组在动物病原体-内生真菌-真菌-植物病原体-未定义的腐生菌包含的属丰度相对较高，感病叶片 BlisS4 组在动物病原体-内生真菌-植物病原体-木材腐生菌包含的属丰度最高。根据组间群落结构的相似性，BlisCK 组和 BlisS3 组与 BlisS2 组和 BlisS1 组在系统发生关系上更为接近。

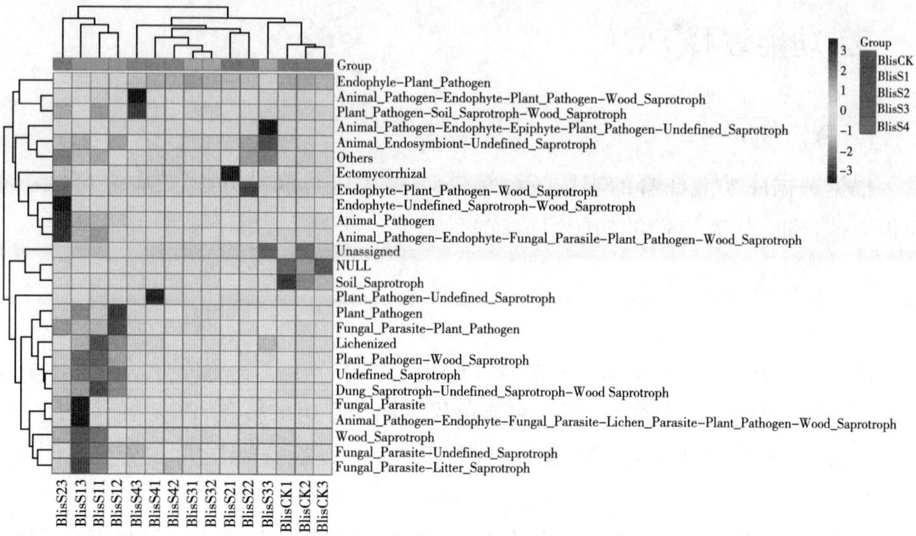

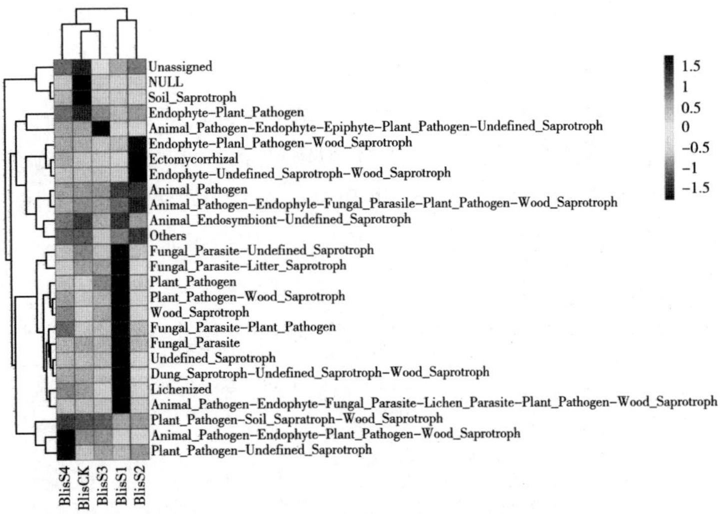

图 3-28　FunGuild 功能注释聚类热图

拓展阅读

英文示例 3.25

三、功能注释 PCA

(一)定义

根据数据库功能注释的丰度统计结果对 PCA 进行降维分析,样品在降维图中的距离越接近,代表它们的功能组成越相似。

(二)组成与含义

1. 组成

PCA 分析图中的横、纵坐标分别为 PC1、PC2;百分比代表主成分对样品差异的贡献值;每个点代表一个样品;同一种颜色代表同一个组的样品;PCA 展示分组之间的差异,距离越近,说明样品的相似性越高,距离越远,说明样品之间的差异越明显。

2. 含义

该分析图可显示出各组之间组分分离的趋势和处理组内的重复性及相似性,

表示各样品分组间健康叶片与感病叶片真菌群落结构存在差异。

（三）解读

由图 3-29 可知，第一主成分 PC1 组间差异贡献率为 24.67%，第二主成分 PC2 组间差异贡献率为 17.5%；BlisCK 和 BlisS4 在左下侧呈聚集状态，说明 BlisCK 和 BlisS4 组间差异不显著；BlisS1 和 BlisS2 呈分离状态，说明 BlisS1 和 BlisS2 两组感病叶片真菌群落结构差异显著。BlisCK 和 BlisS4 在 PC1 上没有差别且重复性好。BlisS2 的重复较差，说明茶饼病发病期间菌落存在一定的复杂性。

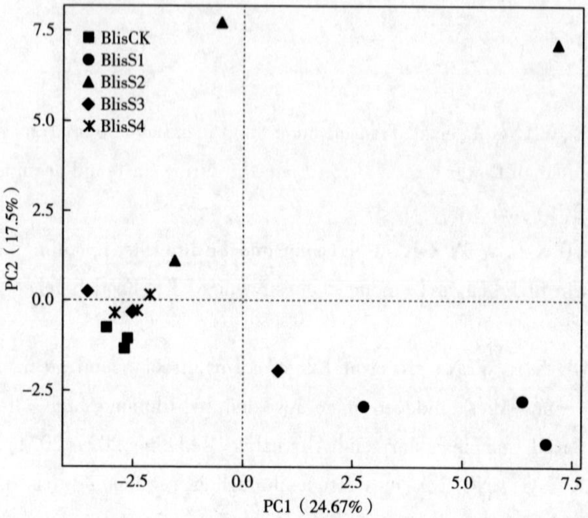

（1）PCA

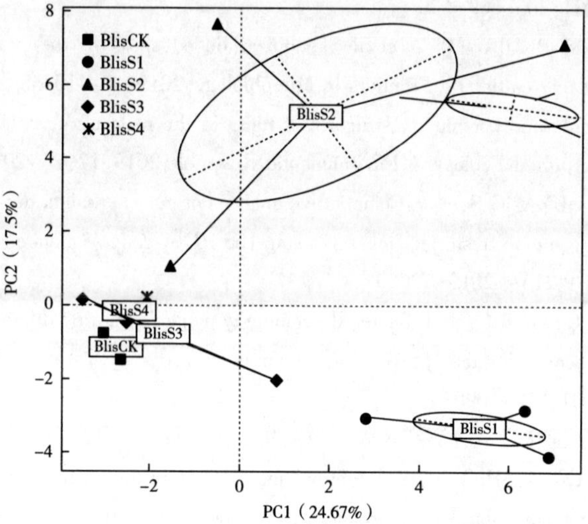

（2）PCA-聚类

图 3-29　FunGuild 功能注释 PCA 结果图

拓展阅读

英文示例 3.26

参考文献

[1]QIN W,YANG Y,WANG Y,et al. Transcriptomic and metabolomic analysis reveals the difference between large and small flower taxa of *Herba Epimedii* during flavonoid accumulation[J]. Scientific Reports,2022,12(1):2762.

[2]ZHOU C B,ZHOU X L,WEN Z R,et al. Compound Fu brick tea modifies the intestinal microbiome composition in high-fat diet-induced obesity mice[J]. Food Science & Nutrition,2020,8(10):5508-5520.

[3]ZHOU C B,ZHOU X L,WEN Z R,et al. Effect of Duyun compound green tea on gut microbiota diversity in high-fat-diet-induced mice revealed by Illumina high-throughput sequencing [J]. Evidence-Based Complementary and Alternative Medicine,2021,2021:1-10.

[4]WANG Z S,ZHU Y Q,JING R X,et al. High-throughput sequencing-based analysis of the composition and diversity of endophytic bacterial community in seeds of upland rice[J]. Archives of Microbiology,2021,203:609-620.

[5]WANG B,MA M P,DIAO Q Y,et al. Saponin-induced shifts in the rumen microbiome and metabolome of young cattle[J]. Frontiers in Microbiology,2019,10:410738.

[6]GUO X F. Diversity and community structure of fungi in the roots of *Machilus pauhoi* in different age groups[J]. Applied Ecology & Environmental Research,2019,17(2):2073-2083.

[7]LIU X,CAO Y,OUYANG S,et al. Comparative analysis of gut microbiota diversity in endangered, economical,and common freshwater mussels using 16S rRNA gene sequencing[J]. Ecology and E-volution,2020,10(21):12015-12023.

[8]LI X F,XIONG Q,XU B C,et al. Bacterial community dynamics during different stages of processing of smoked bacon using the 16S rRNA gene amplicon analysis[J]. International Journal of Food Microbiology,2021,351:109076.

[9]党喜军. 诺邓火腿化学成分测定及表面微生物多样性研究[D]. 昆明:云南大学,2018.

[10]SUN Q H,ZHANG J,SHI Y Y,et al. Microbiome changes in the gastric mucosa and gastric juice in different histological stages of *Helicobacter pylori*-negative gastric cancers[J]. World Journal of Gastroenterology,2022,28(3):365-380.

[11]ZHAI J J,SONG J,ZHANG T,et al. deepEA: a containerized web server for interactive analysis

of epitranscriptome sequencing data[J]. Plant Physiology,2021,185(1):29-33.

[12]XIAO Z Q,LIN Z X. Diversity analysis of soil microbial population abundance before and after planting JunCao "Oasis No. 1" in saline-alkali soil[J]. bioRxiv,2021:1-21.

[13]ZHENG J S,ZHU T T,WANG L P,et al. Characterization of gut microbiota in prenatal cold stress offspring rats by 16S rRNA sequencing[J]. Animals,2020,10(9):1619.

[14]WANG W X,HUANG S L,YANG L L,et al. Comparative analysis of the fecal bacterial microbiota of wintering whooper swans (*Cygnus cygnus*)[J]. Frontiers in Veterinary Science,2021,8:670645.

[15]CHI T Y,ZHAO Q C,WANG P L,et al. Fecal 16S rRNA gene sequencing analysis of changes in the gut microbiota of rats with low-dose aspirin-related intestinal injury[J]. BioMed Research International,2021,8848686:1-15.

[16]XU P Z,SHI Y,LIU P,et al. 16S rRNA gene sequencing reveals an altered composition of the gut microbiota in chickens infected with a nephropathogenic infectious bronchitis virus[J]. Scientific reports,2020,10(1):3556.

[17]WANG S T,MENG X Z,ZHANG J H,et al. 16S rRNA sequencing analysis of the correlation between the intestinal microbiota and body-mass of grass carp (*Ctenopharyngodon idella*)[J]. Comparative Biochemistry and Physiology-Part D: Genomics and Proteomics,2020,35:100699.

[18]翟青枝,任腾杰,付玉荣,等. 生育晚期各级别宫颈病变患者宫颈微生态的特征[J]. 南方医科大学学报,2020,40(12):1768-1775.

[19]HAN Z M,DENG M W,YUAN A Q,et al. Vertical variation of a black soil's properties in response to freeze-thaw cycles and its links to shift of microbial community structure[J]. Science of the Total Environment,2018,625:106-113.

[20]ZHANG J S,LIU G H,WEI Q,et al. Regional discrepancy of microbial community structure in activated sludge system from Chinese WWTPs based on high-throughput 16S rDNA sequencing[J]. Science of the Total Environment,2022,818:151751.

[21]WU H G,WU X,HUANG L,et al. Effects of andrographolide on mouse intestinal microflora based on high-throughput sequence analysis[J]. Frontiers in Veterinary Science,2021,8:702885.

[22]孙国雷. 基于16S rRNA基因的喜马拉雅塔尔羊、岩羊和欧洲盘羊的肠道微生态研究[D]. 曲阜:曲阜师范大学,2017.

[23]LIN K H,YU Y H. Evaluation of *Bacillus licheniformis*-fermented feed additive as an antibiotic substitute: Effect on the growth performance,diarrhea incidence,and cecal microbiota in weaning piglets[J]. Animals,2020,10(9):1649.

[24]WU Q F,HE L M,GAO X Q,et al. Diversity of endophytic fungal community in leaves of *Artemisia argyi* based on high-throughput amplicon sequencing[J]. Polish Journal of Microbiology,2021,70(2):273-281.

第四章 茶饼病植物激素代谢组分析

第一节 数据评估

数据评估是从数据综合应用的角度考虑，对信息和数据的采集、存储和输出进行全面的考察和评价，从而提高信息和数据的可信度和有效度，其中数据质量评估是数据评估的重要部分。

一、标准曲线

（一）定义

标准曲线是标准物质的物理或化学属性跟仪器响应之间的函数关系。

配制 0.01ng/mL、0.05ng/mL、0.1ng/mL、0.5ng/mL、1ng/mL、5ng/mL、10ng/mL、50ng/mL、100ng/mL、200ng/mL、500ng/mL 的标准品溶液［其中 TRP（色氨酸）和 SAG（水杨酸-2-*O*-*β*-葡萄糖苷）为上述浓度的 20 倍，即标准曲线浓度范围为 0.2～10000ng/mL］，获取各个浓度标准品的对应定量信号的质谱峰强度数据。

（二）组成与含义

1. 组成

标准曲线表由 8 列组成，依次为物质简称（Index）、物质英文类别（Class）、保留时间（RT）、线性方程（Equation）、相关系数（*r*）、权重（Weighting）、定量下限（ng/mL，LLOQ）和定量上限（ng/mL，ULOQ）。

2. 含义

根据标准曲线线性方程及相关系数表可看到被测物质的相关系数与方程，根据被测物质的相关系数与方程可以绘制出不同物质的标准曲线图。

（三）解读

该项目检测了脱落酸、1-氨基环丙烷羧酸、赤霉素 1、茉莉酸等 26 种化合物，标准曲线线性方程及相关系数表见表 4-1。

表 4-1　标准曲线线性方程及相关系数表

物质简称	英文类别	RT	线性方程	r	权重	LLOQ	ULOQ
ABA-GE	ABA	4.37	$y=0.00122x-0.00503$	0.99536	$1/x$	5	500
			……				
5DS	SL	7.30	$y=27151.91882x+1798.27552$	0.9998	$1/x$	2	500

拓展阅读

英文示例 4.1

二、代谢物定性定量分析

（一）总离子流图和 MRM 代谢物检测多峰图

1. 定义

总离子流图（total ions current，TIC）即每个时间点质谱图中所有离子的强度加和后连续描绘得到的图谱；通过三重四极杆筛选出特征离子，可得到 MRM（多反应监测）代谢物检测多峰图（多物质提取的离子流谱图，Extracted ion chromatogram，XIC）。

2. 组成与含义

（1）组成　总离子流图和 MRM 代谢物检测多峰图横坐标为代谢物检测的保留时间（retention time，Rt），纵坐标为离子检测的离子流强度（强度单位为 s^{-1}）；MRM 代谢物检测多峰图显示样本中能够检测到的物质，每个不同颜色的质谱峰代表检测到的一个代谢物，每个色谱峰的峰面积（Area）代表对应物质的相对含量。

注：MRM 代谢物检测多峰图中 N 代表负离子模式，P 代表正离子模式。

(2)含义　该图可直观地看出图中帧与帧之间重叠性好与坏、机器运行状态，判断测得的数据结果是否可靠。

3. 解读

通过TIC(总离子流图,见图4-1)得到XIC(MRM代谢物检测多峰图,见图4-2)可知,MRM代谢物检测多峰图中两种离子模式下都检测到了较多的代谢物,而且峰形都比较对称漂亮,帧与帧之间的重叠性好,说明机器运行比较稳定可靠,测得的数据结果真实可信。

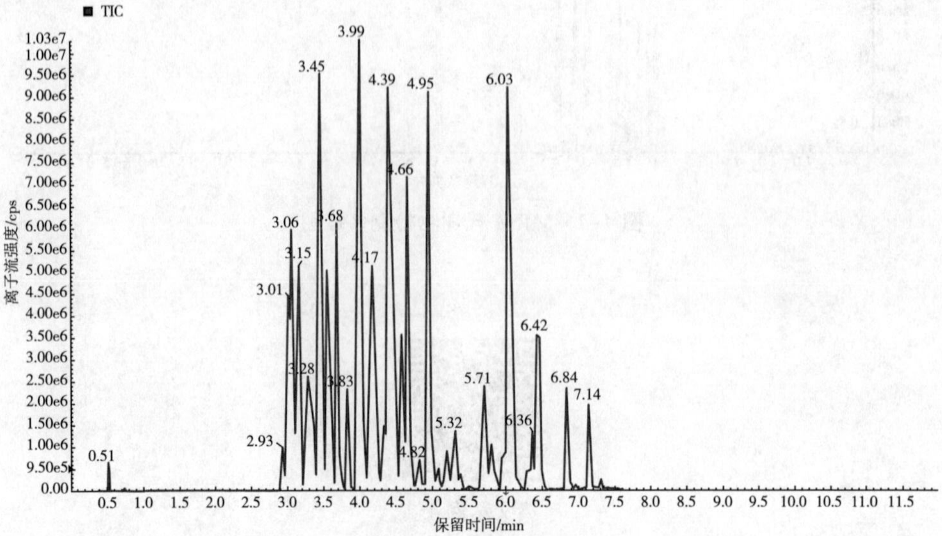

图 4-1　总离子流图

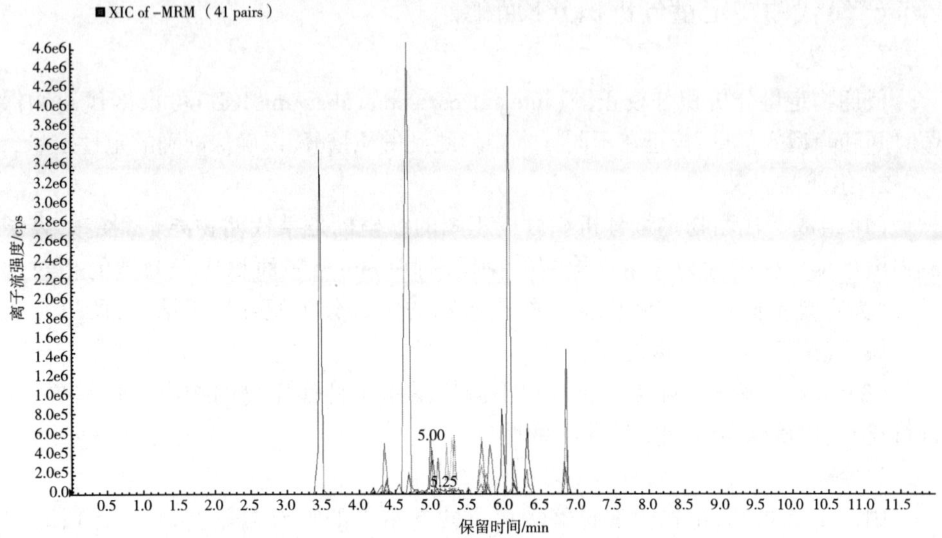

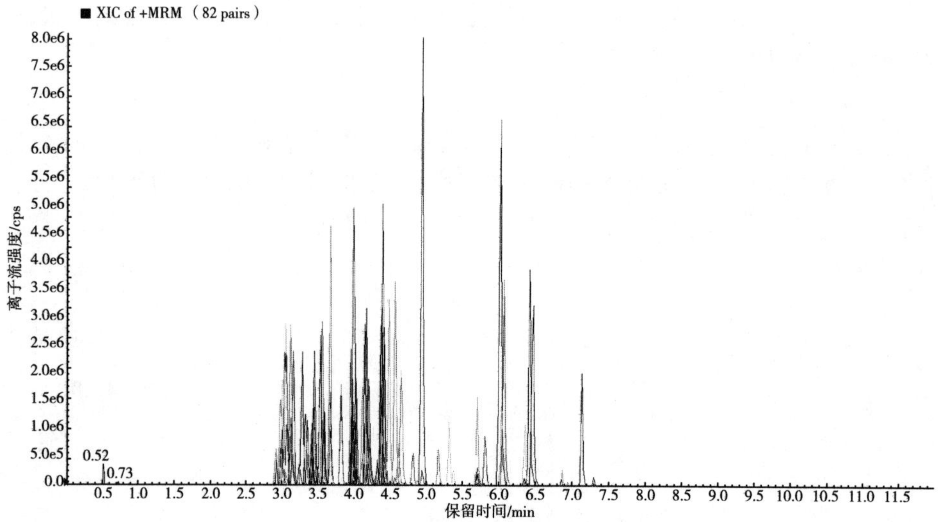

图 4-2　MRM 代谢物检测多峰图

拓展阅读

英文示例 4. 2

(二)代谢物定量分析积分校正图

1. 定义

代谢物定量分析积分校正图(integral correction diagram, ICD)可根据代谢物保留时间和峰型的信息,校正在不同样本中检测到的质谱峰,以确保准确的定性定量。

2. 组成与含义

(1)组成　代谢物定量分析积分校正图的纵坐标是某代谢物离子测定的离子流强度(cps),横坐标为代谢物检测的保留时间(min),峰面积代表物质的相对含量,因为它是不同样本中随机抽取的代谢物的定量分析积分校正结果,所以有负离子模式(N)和正离子模式(P)。

(2)含义　该图可直观地观察到不同样本中每种代谢物的物质含量差异,并进行比较,以确保定性和定量的准确性。

3. 解读

由图 4-3 可知,植物激素脱落酸在不同样本中的物质含量差异小,保留时间非常稳定，说明定性定量可靠。

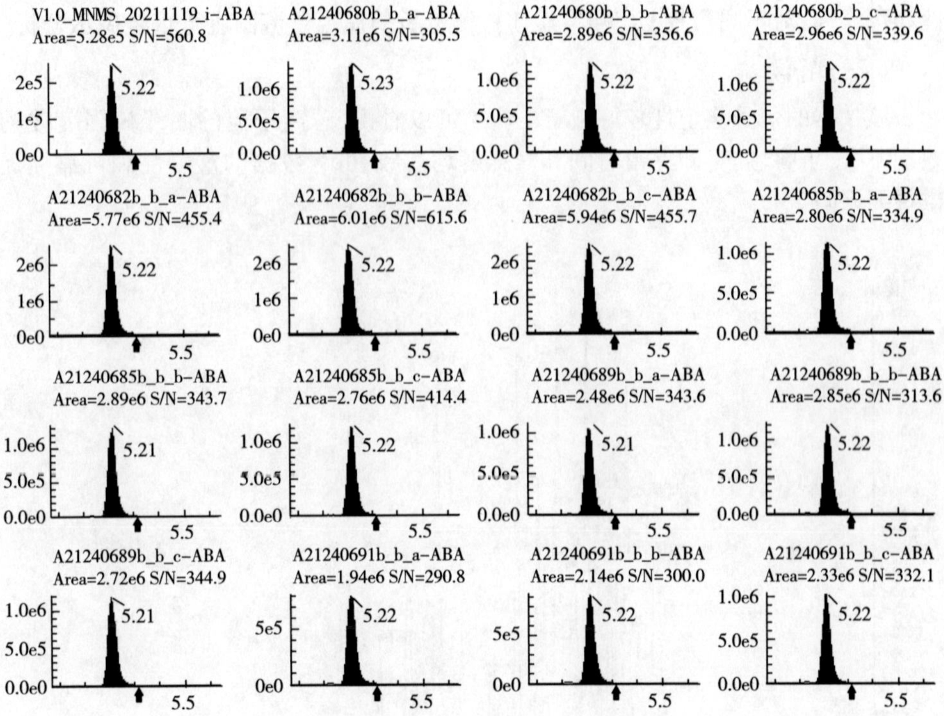

图 4-3　代谢物定量分析积分校正图

三、样本质控分析

（一）定义

色谱图是 QC 样本流经色谱柱和检测器获得被分离组分的检测信号随时间分布的图像，称为 QC 样本质谱检测 TIC 重叠图（QC_MS tic overlap，TICO）。

注：QC 是样本提取物的混合物，用于分析同一处理下样本的可重复性。仪器对过程进行分析，并在每 10 个检测分析样本中插入一个质控样本，以此监测分析过程的重复性。

（二）组成与含义

1. 组成

QC 样本质谱检测 TIC 重叠图有负离子模式（N）和正离子模式（P），纵坐标为检测器的响应信号，横坐标为时间，流出曲线的突起部分称为色谱峰。

2. 含义

为判断代谢物提取及其检测的重复性,保障仪器的高稳定性以及数据的重复性和可靠性,对不同质控 QC 样本质谱检测分析的总离子流图进行重叠展示分析。

(三)解读

该仪器的信号稳定性较好,从图 4-4 可以看出,总离子流的曲线峰强度波动差别不大,重叠性高,即保留时间和峰强度均一致,可为数据的重复性和可靠性提供重要保障。

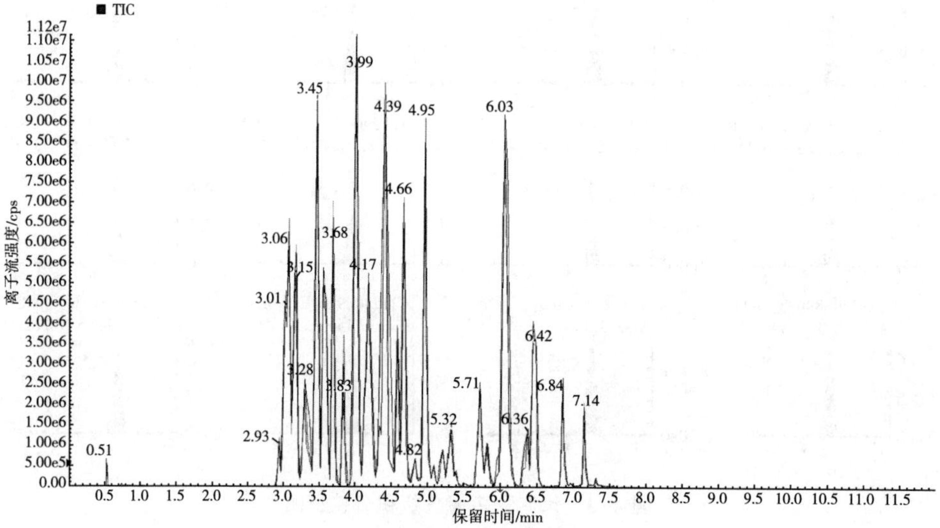

图 4-4　QC 样本质谱检测 TIC 重叠图

拓展阅读

英文示例 4.3

四、样本含量统计表

(一)定义

样本含量统计表即在抽样研究中每个样本所包含的调查对象数或受试对象

数以长方形的长度为变量的统计表。

(二)组成与含义

1. 组成

样本含量统计表由 16 列组成,依次为物质简称(Index)、物质英文名称(Compounds)、物质中文名称、物质英文类别(Class)、物质中文类别、物质经电喷雾离子源加上离子之后的母离子(Q1)分子质量、特征碎片离子(Q3)分子质量、相对分子质量(Molecular Weight)、离子模式(Ion mode)、电离模式(Ionization model,M+H 为带正电,M-H 为带负电)、物质分子式(Formula)、各样本所有物质的含量、混样含量(mix 或者_R)、物质 KEGG(Kyoto Encyclopedia of Genes and Genomes,京都基因与基因组百科全书)数据库编号(cpd_ID)、物质的 CAS 号(CAS)、KEGG 数据库信号通路编号(kegg_map)。

2. 含义

该表可展示样本的植物激素含量等指标。

(三)解读

表 4-2 显示了本次所测的激素物质及其所属类别,同时标明了它们的母离子(Q1)和特征碎片离子(Q3)的分子量,列出了相对分子质量、检测的离子模式和电离模式等。例如,ABA(脱落酸)属于脱落酸类激素,相对分子质量为 264.13616,电离模式是在电离后失去一个质子,因此在负离子模式下检测到了母离子大小为 263.1,特征碎片离子是 264.13616。

表 4-2　样本含量统计表

物质简称	物质中文名称	物质中文类别	Q1(u)	Q3(u)	相对分子质量	离子模式	电离模式
ABA-GE	脱落酸葡萄糖酯	脱落酸	425.2	263.3	426.188985	Negative	[M-H]-
				……			
5DS	5-脱氧独脚金醇	独脚金内酯	331.116	313.2	330.146725	Positive	[M+H]+

注:表列数较多,省略了各样本所有物质的含量等信息。

拓展阅读

英文示例 4.4

五、样本含量柱状图

(一)样本含量柱状图统计结果表

1. 定义

样本含量柱状图统计结果表是在抽样研究中每个样本所包含的调查对象数或受试对象数以长方形的长度为变量的统计表,是为更直观地表现每种物质在不同组别之间的含量差异,所制成的柱状图统计结果表。

2. 组成与含义

(1)组成　样本含量柱状图统计结果表由 6 列组成,依次为物质简称(Index)、组别(Group)、对应组中非 N/A 的数据个数(N,包括技术重复)、平均值(Mean)、标准差(SD)、标准误(SE)。

(2)含义　根据样本含量柱状图统计结果表中组别(Group)、平均值(Mean)、标准差(SD)可绘制样本含量柱状图,可直观地观察到每种物质在不同组别之间的含量差异。

3. 解读

由表 4-3 可知,在 Leaf_CK、Leaf_S2、Leaf_S3、Leaf_S4 样本中没有检测到 GA3 物质;在 Leaf_CK、Leaf_S2、Leaf_S4 样本中没有检测到 OPC(Oligomeric Proanthocyanidins,原花青素)-6 物质;SAG 在茶叶病害叶片中的平均值都很高,但在 Leaf_S4 中平均值最高。

表 4-3　样本含量柱状图统计结果表

物质简称	组别	N	平均值	SD	SE
5DS	Leaf_S4	3	152.98	8.3884	4.8431
			……		
ST	Leaf_CK	3	84.918	3.4587	1.9969

(二)样本含量柱状图

1. 定义

样本含量柱状图又称样本含量条形图,是一种在抽样研究中每个样本所包含的调查对象数或受试对象数以长方形的长度为变量的统计图表,用来比较两个或多个的含量(不同时间或者不同条件)所绘制成的柱状图。

2. 组成与含义

(1)组成　样本含量柱状图的横坐标为组别,纵坐标为含量,误差线为标准差。

(2)含义　更直观地表现每种物质在不同组别之间的含量差异。

3. 解读

由图 4-5 可知,在赤霉素 3(GA3)中,只有 Leaf_S1 样本中含有 GA3;在 1-氨基环丙烷羧酸(ACC)中,所有样本的 ACC 含量相差不大;在 OPC-6 中,只有 Leaf_S1 和 Leaf_S3 含有 OPC-6,且 Leaf_S1 中的 OPC-6 含量比 Leaf_S3 多。

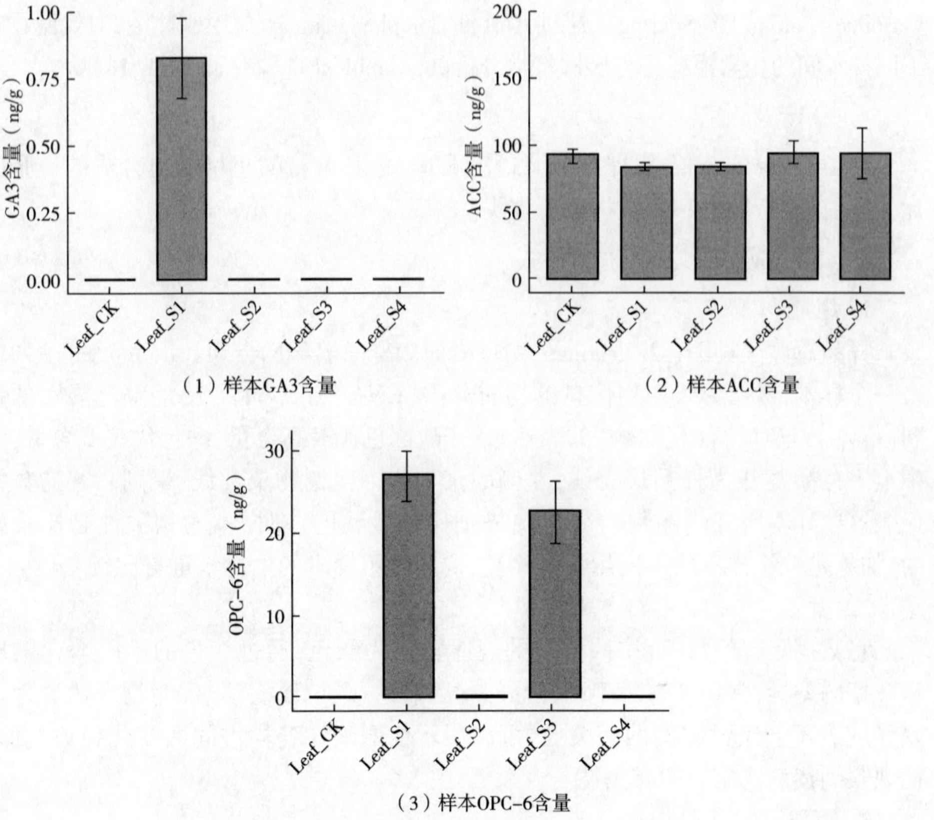

（1）样本GA3含量　　（2）样本ACC含量

（3）样本OPC-6含量

图 4-5　样本含量柱状图

拓展阅读

英文示例 4.5

六、聚类分析

聚类分析(cluster analysis)是一种分类的多元统计分析方法,使同一类别内的个体具有尽可能高的同质性(homogeneity)和异质性(heterogeneity),根据个体或样品(individuals,objects or subjects)的特征分类。代谢物含量数据采用归一化处理(Unit Variance Scaling,UV Scaling),通过 R 软件 ComplexHeatmap 包绘制热图,对代谢物在不同样本间的积累模式进行层次聚类分析(hierarchical cluster analysis,HCA)。

(一)定义

聚类热图(heatmap),即红绿(红蓝)相间、色彩丰富的小格子组合成的一张图片,并且会对行数据和列数据进行聚类。

(二)组成、含义与写作方式

1. 组成

样品总体聚类图(all heatmap,AH)横向为样品名称的分组(Group),每一列代表一个样本,纵向为代谢物信息的物质分类(Class),每个单元格的颜色展示的是列(样本)对应的行(代谢物)的表达量情况,红色代表高含量,绿色代表低含量;图中上方的聚类线为样品聚类线,左侧的聚类线为代谢物聚类线;聚到一起的数据代表这些样本所有代谢物的表达趋势是比较一致的,即样本的相关性是比较好的,如果是一组样本的不同生物学重复,说明这组样本的生物学重复比较一致。

2. 含义

将数据矩阵的数值,按照一定的规律转换为颜色,通过颜色的不同变化来展示数据的差异;常用来表示不同样品间基因表达、蛋白质表达、代谢物表达的含量差异或者不同组学间两两相关性;可以展示代谢物在各样本间的变化趋势,直观地观察到代谢物之间的相关性。

3. 写作方式

不同样品中(自己的样品中几个不同的品种、不同的处理等)代谢物的积累模式差异可以根据聚类热图进行分析(图)。聚类热图分析的结果表明,在不同组别中物质有明显的差异,一共分为了 x 簇(cluster),簇 1 中的代谢物在 A 组中最高,在 B 组中含量中等,在 C 组中含量最低;簇 2 中的代谢物在 D 组中最高,在 E 组中含量中等,在 F 组中含量最低。不同的生物学重复之间也同样聚成一簇,表明生物学重复之间良好同质性和数据的高可靠性。(Dong et al. ,2014)

在热图中,G、H 中的代谢物表现出相似的积累趋势。这些代谢产物在 I、J 中积累显著。因此,我们对这些不同组织或品种的发育时期、处理时间进行了进一步的分析。

(三)解读

由图4-6(1)可知,在Leaf-S1中,Leaf-S11含量最高的是GA3,在Leaf-S4中,Leaf-S41含量最高的是1-氨基环丙烷羧酸(ACC),Leaf-S44中含量最高的是独角金醇(ST)。

由图4-6(2)可知,在Leaf-S1中,Leaf-S11含量最高的是GA3,在Leaf-S4中,Leaf-S41含量最高的是ACC,Leaf-S44中含量最高的是ST。

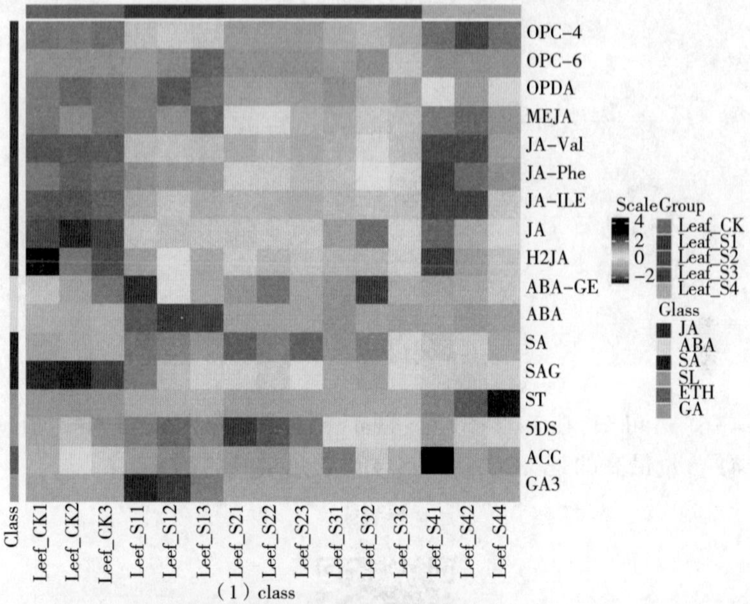

(1) class

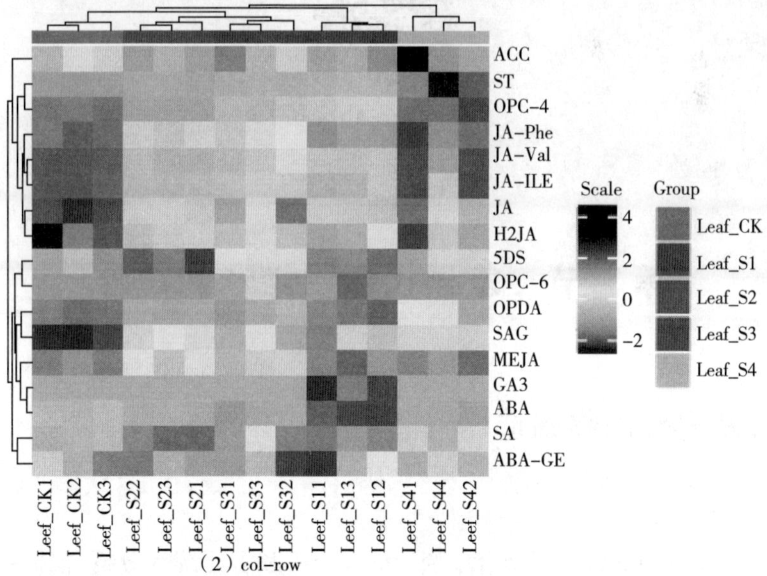

(2) col-row

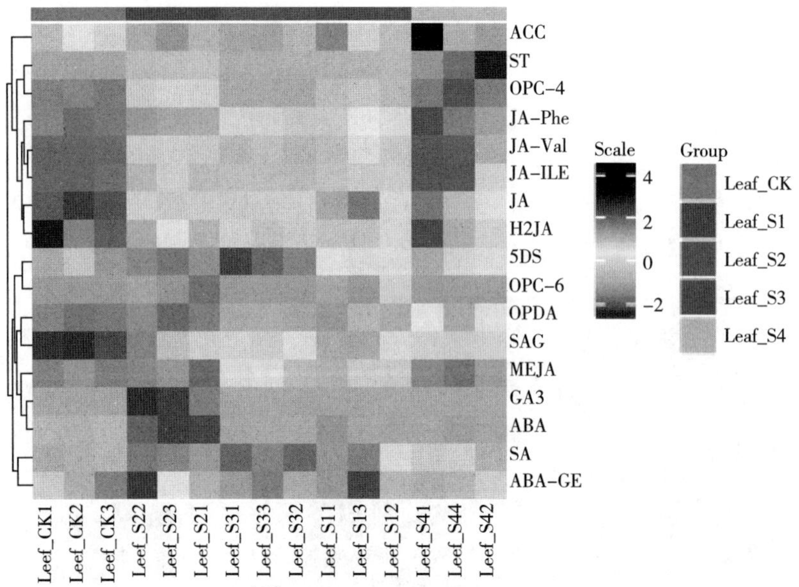

（3）row

图 4-6　样品总体聚类图

由图 4-6(3)可知,在 Leaf-S1 中,Leaf-S11 含量最高的是 GA3,在 Leaf-S4 中,Leaf-S41 含量最高的是 ACC,Leaf-S44 中含量最高的是 ST。

拓展阅读

英文示例 4.6

第二节　差异代谢物筛选和统计

一、差异代谢物筛选

(一)定义

差异代谢物的筛选需要结合单变量统计分析和多元统计分析,根据数据特性多角度筛选差异代谢物，准确挖掘差异代谢物。单变量统计分析方法包括非参数检验和参数检验，多元统计分析方法包括偏最小二乘法判别分析（orthogonal partial least squares discrimination analysis，OPLS-DA）、主成分分析等。基于 OPLS-DA 结果，从获得的多变量分析 OPLS-DA 模型的变量重要性投影（variable importance in projection，VIP）中，可以初步筛选出不同品种或组织间差异的代谢物；同时可以结合单变量分析的 P 值或者差异倍数值（Fold Change）来进一步筛选出差异代谢物。

注：(1) 若有生物学重复，则采取将 Fold Change、OPLS-DA 模型的 VIP 值相结合的方法来筛选差异代谢物。若为无生物学重复样本比较，则根据 Fold Change 值进行差异筛选。

(2) 筛选标准：①选取 VIP≥1 的代谢物。VIP 值表示对应代谢物的组间差异在模型中各组样本分类判别中的影响强度，一般认为 VIP≥1 的代谢物为差异显著。②选取 Fold Change≥2 和 Fold Change≤0.5 的代谢物。代谢物在对照组和实验组中差异为 2 倍以上或 0.5 以下，则认为差异显著。

（二）组成、含义与写作方式

1. 组成

差异代谢物筛选结果表由 10 列组成，依次为物质简称（Index）、物质英文名称（Compounds）、物质中文名称、物质英文类别（Class）、物质中文类别、各组样品对应物质的含量、P 值、差异倍数（Fold_Change）、差异倍数以 2 为底取对数（$\log_2$FC）、类型（Type）。

2. 含义

该结果可以直观地观察到差异代谢物信息，筛选出所需信息绘制差异代谢物筛选结果表和差异代谢物数目统计表，更加方便区分差异代谢物。

3. 写作方式

差异代谢物的筛选标准为 |Fold Change| >2 且 VIP>1。每个差异分组，分别有差异代谢物 1、差异代谢物 2、差异代谢物 3。其中，A 差异分组上调差异代谢物为差异代谢物 A，下调差异代谢物为差异代谢物 B。这些差异代谢物共有 x 个。

（三）解读

由表 4-4 可知，Leaf_CK_vs_Leaf_S1 共有 9 种差异代谢物，分别为赤霉素 3、氧化戊烯基环、戊烷丁酸、氧化戊烯基环戊烷己酸、12-氧-植物-二烯酸、茉莉酸-缬氨酸、茉莉酸-异亮氨酸、茉莉酸、水杨酸-2-*O*-*β*-葡萄糖苷，且全部为上调代谢物。

表 4-4　　　　差异代谢物筛选结果表(Leaf_CK_vs_Leaf_S1)

物质简称	物质英文名称	物质中文名称	类型
GA3	Gibberellin A3	赤霉素 3	up
		……	
SAG	Salicylic acid 2-*O*-*β*-glucoside	水杨酸-2-*O*-*β*-葡萄糖苷	up

拓展阅读

英文示例 4.7

二、差异代谢物统计

(一)定义

根据差异代谢物筛选结果表中的物质种类统计得出差异代谢物数目统计表。

(二)组成与含义

1. 组成

差异代谢物数目统计表由 4 列组成,依次为差异代谢物分组信息(group name)、差异显著代谢物数目(totalSigMetabolites)、下调代谢物数目(down regulated)、上调代谢物数目(up regulated)。

2. 含义

从差异代谢物数目统计表可知,每组对比组中共有多少种差异代谢物,其中上调的物质有几种,下调的物质有几种。

(三)解读

由表 4-5 可知,在 Leaf_CK 与 Leaf_S1、Leaf_CK 与 Leaf_S2、Leaf_CK 与 Leaf_S3、Leaf_CK 与 Leaf_S4、Leaf_S2 与 Leaf_S3、Leaf_S2 与 Leaf_S4 中,分别检测到 8 种、5 种、6 种、8 种、1 种、3 种差异代谢物,并且全部为上调代谢物;在 Leaf_S1 与 Leaf_S2、Leaf_S1 与 Leaf_S3 中,分别检测到 3 种、2 种差异代谢物,并且全部为下调代谢物;在 Leaf_S1 与 Leaf_S4 中,总共检测到 5 种差异代谢物,其中 2 种为上调代谢物,3 种为下调代谢物;在 Leaf_S3 与 Leaf_S4 中,总共检测到 2 种差异代谢

物,其中 1 种为下调代谢物,1 种为上调代谢物。

表 4-5　　差异代谢物数目统计表

分组信息	差异显著代谢物数目	上调代谢物数目	下调代谢物数目
Leaf_CK_vs_Leaf_S1	8	8	0
	……		
Leaf_S3_vs_Leaf_S4	2	1	1

拓展阅读

英文示例 4.8

三、差异代谢物韦恩图

(一)定义

维恩图(venn diagram),也称韦恩图、文氏图、温氏图,是利用集合分类的原理将特定的数据进行分类或归类,用于统计样本或分组中所共有和特有的物种、功能或基因数。

(二)组成、含义与写作方式

1. 组成

通过维恩图的形式,展示各组差异代谢物之间的关系。图中每个圈代表一个比较组,圈和圈重叠部分的数字代表比较组之间共有的差异代谢物个数,没有重叠部分的数字代表比较组特有的差异代谢物个数。

2. 含义

维恩图允许筛选某些比较组合共有或独有的差异基因,显示了不同比较组合之间差异基因的重叠情况。

3. 写作方式

通过维恩图来分析不同差异分组代谢物的交集和特有情况。其中,几个差异分组里共有的差异代谢物数量为 x,每个差异分组特有的差异代谢物数量分

别为 y、z、w。

（三）解读

在图 4-7 中的所有比较组中，共有 11 种代谢物，每种组合中总共有 3 种代谢物显示出显著差异，Leaf_CK_vs_Leaf_S1 特有的代谢物质有 2 个；Leaf_CK_vs_Leaf_S2 和 Leaf_CK_vs_Leaf_S3 都没有特有的代谢物质；Leaf_CK_vs_Leaf_S4 特有的代谢物质有 2 个。

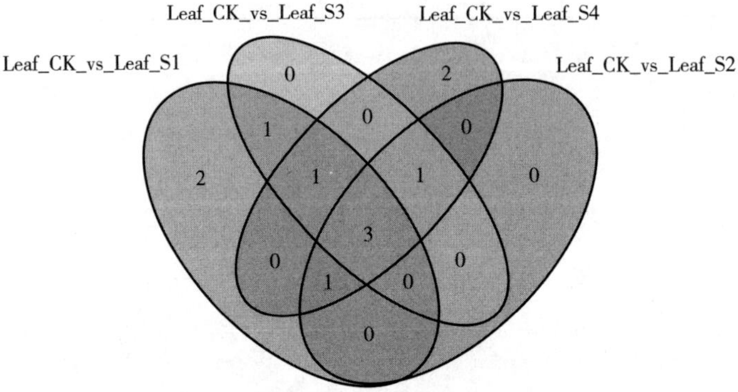

图 4-7　差异代谢物维恩图

拓展阅读

英文示例 4.9

第三节　差异代谢物 KEGG 功能注释及富集分析

一、差异代谢物 KEGG 通路图

（一）定义

差异代谢物 KEGG 通路图，即为差异代谢在生物体内相互作用，形成不同的通路,不同的代谢物利用 KEGG 数据库(Kanehisa et al.,2000)加以说明和显示。

(二)组成、含义与写作方式

1. 组成

差异代谢物 KEGG 通路图中左上角为 KEGG 通路图名称,绿色、蓝色、红色分别表示代谢物含量在实验组中显著下调、代谢物被检测到但未发生显著变化、代谢物含量在实验组中显著上调。通过代谢通路寻找研究对象中表型差异的原因,小圆点是化合物(代谢物),方框是基因(蛋白或 mRNA)、酶。

2. 含义

通过差异代谢物 KEGG 通路图展示了样本代谢通路相关基因和代谢物的差异表达情况,说明样本中显著代谢通路的基因和代谢物及其上调和下调的情况。

3. 写作方式

将不同比较组中所有的差异代谢物匹配 KEGG 的数据库从而获得代谢物参与的通路信息。对注释完的结果进行富集分析,获得差异代谢物富集较多的通路。A 组和 B 组的差异代谢物主要注释和富集在 a 通路、b 通路、c 通路(描述显著且丰富的通路,即气泡图中颜色红和气泡大的通路,最后考虑靠右边),B 组和 C 组的差异代谢物主要注释和富集在 d 通路、e 通路、f 通路,在这些比较组中,一些代谢通路有所重叠,例如 b 通路、d 通路(没有则不写)。b 通路合成了上游物质,决定了基础。这些代谢通路与研究息息相关。

(三)解读

将不同比较组中所有的差异代谢物匹配 KEGG 的数据库从而获得代谢物参与的通路信息。对注释完的结果进行富集分析,获得差异代谢物富集较多的通路。Leaf_CK 组和 Leaf_S1 组的差异代谢物主要注释和富集在 α-LINOLENIC ACID METABOLISM 通路、CAROTENOID BIOSYNTHESIS 通路和 PLANT HORMONE SIGNAL TRANSDUCTION 通路等 5 条通路中。在 α-LINOLENIC ACID METABOLISM 通路(图 4-8)中,差异代谢物(-)-Jasmonate 在实验组中显著上调,(-)-Methyl-jasmonate 被检测到但未发生显著变化;在 CAROTENOID BIOSYNTHESIS 通路中,5-Deoxy-strigol(5-脱氧独脚金醇)等三种差异代谢物被检测到但未发生显著变化;在 PLANT HORMONE SIGNAL TRANSDUCTION 通路中,Jasmonic acid(茉莉酸)等两种差异代谢物在实验组中显著上调,Salicyic acid(水杨酸)等两种差异代谢物被检测到但未发生显著变化。

Leaf_CK 组和 Leaf_S2 组等的分析同上。

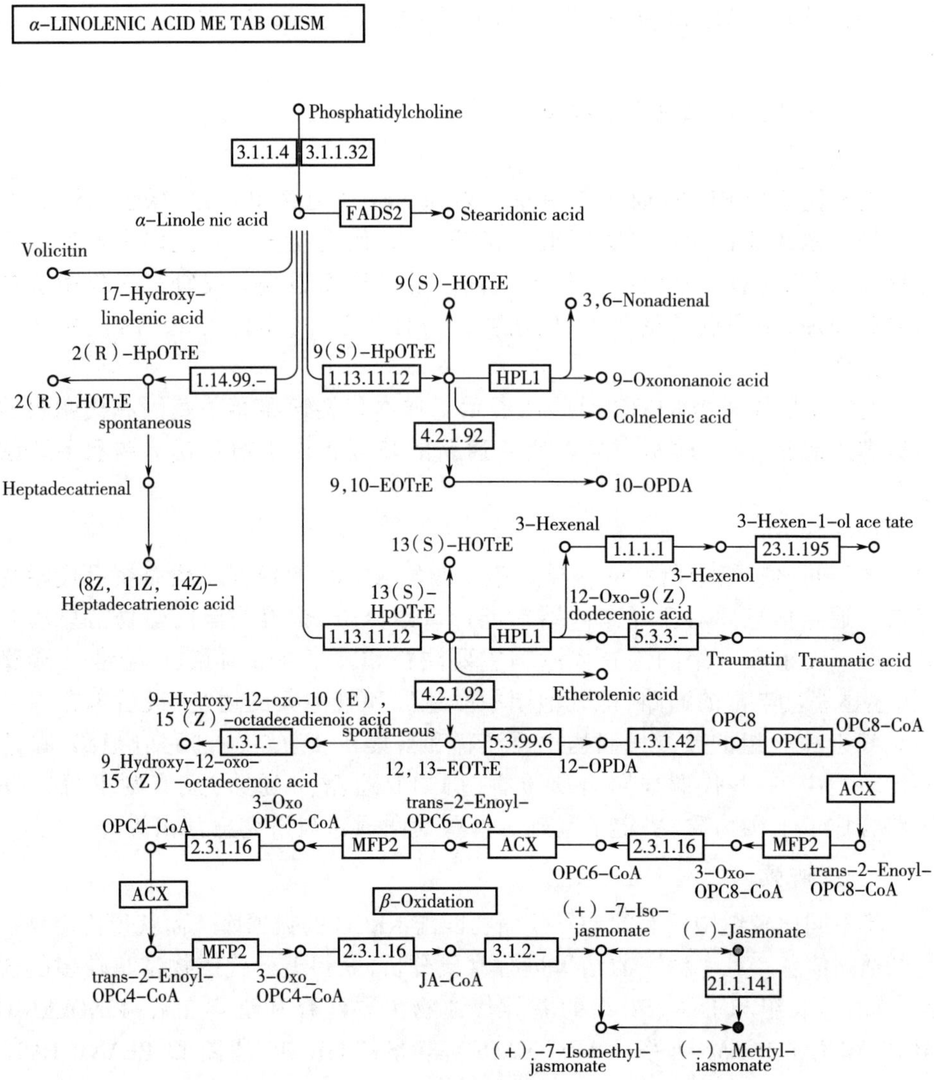

图 4-8 差异代谢物 KEGG 通路图(Leaf_CK_vs_Leaf_S1)

拓展阅读

英文示例 4. 10

二、差异代谢物 KEGG 注释情况表

(一)定义

在向 KEGG 数据库注释代谢物后,对每条 KEGG 通路中的差异代谢物进行了计数,得到差异代谢物 KEGG 注释情况表。

(二)组成与含义

(1)组成　差异代谢物 KEGG 注释情况表由 17 列组成,依次为物质简称(Index)、物质英文名称(Compounds)、物质中文名称、物质英文类别(Class)、物质中文类别、各列样本名(各样本所有物质的含量)、*P*-value(*P* 值)、差异倍数(Fold_Change)、差异倍数以 2 为底取对数(log_2 FC)、类型(Type)、代谢物在 KEGG 数据库中的 ID 信息(cpd_ID)、KEGG 数据库信号通路编号(kegg_map)。

(2)含义　KEGG 数据库有助于研究者把基因、表达信息以及代谢物含量作为一个整体网络进行研究。

(三)解读

由表 4-6 可知,在 Leaf_CK_vs_Leaf_S1 中共有 8 种代谢物上调,依次为赤霉素 3、氧化戊烯基环戊烷丁酸、氧化戊烯基环戊烷己酸、12-氧-植物-二烯酸、茉莉酸-缬氨酸、茉莉酸-异亮氨酸、茉莉酸、水杨酸-2-*O*-*β*-葡萄糖苷。

表 4-6　　差异代谢物 KEGG 注释情况表(Leaf_CK_vs_Leaf_S1)

物质简称	物质中文名称	物质英文类别	物质类别	Leaf_CK1	……	*P* 值	log_2FC	类型
GA3	赤霉素 3	GA	赤霉素	0				up
				……				
SAG	水杨酸-2-*O*-*β*-葡萄糖苷	SA	水杨酸	7136.5581	……			up

拓展阅读

英文示例 4.11

三、KEGG 差异富集统计

(一)定义

对差异显著代谢物 KEGG 的注释结果按照 KEGG 中通路类型进行分类,得到 KEGG 差异富集统计表。

(二)组成与含义

1. 组成

KEGG 差异富集统计表由 8 列组成,依次为通路的名称(Kegg_pathway)、通路在 KEGG 数据库中的 ko 号(ko_ID)、在该通路中被 KEGG 注释到的差异显著代谢物个数(Sig_compound)、所检测到的代谢物中属于该通路的代谢物个数(compound)、被 KEGG 注释到的差异显著代谢物个数(Sig_compound_all)、所有测到的代谢物中被 KEGG 注释到的代谢物个数(compound_all)、在该通路中被注释到的差异显著代谢物的物质简称(IndexList)、在该通路中被注释到的差异显著代谢物的 KEGG 数据库编号(CIDList)。

2. 含义

通过 KEGG 差异富集统计表,可以更直观地看出差异显著代谢物 KEGG 的注释结果按照 KEGG 中通路类型进行分类的类别。

(三)解读

由表 4-7 可知,在 CK_vs_S1 中有 5 条通路,分别为二萜生物合成通路、代谢途径通路、植物激素信号转导通路、α-亚麻酸代谢通路、次级代谢产物的生物合成通路;二萜生物合成通路、α-亚麻酸代谢通路、植物激素信号转导通路的被 KEGG 注释到的差异显著代谢物个数分别为 1 个、2 个、1 个。

表 4-7 KEGG 差异富集统计表(Leaf_CK_vs_Leaf_S1)

通路名称	差异显著代谢物数(通路中)	代谢物数(通路中)	……	差异显著代谢物数(全部)	总代谢物数(全部)	物质简称
diterpenoid biosynthesis	1	1		3	8	GA3(up)
			……			
alpha-Linolenic acid metabolism	1	3		3	8	JA(up)

拓展阅读

英文示例 4.12

四、差异代谢物 KEGG 分类

(一)定义

差异代谢物 KEGG 分类图(KEGG barplot),即按代谢通路类型分类的差异显著代谢物 KEGG 的注释结果,根据同富集到的 Pathway 通路绘制条形图,图形化展示了富集到某一通路的差异代谢物。对于注释到的通路进行整体分类展示,易于从整体把握差异代谢物参与代谢通路的类型。

(二)组成与含义

1. 组成

差异代谢物 KEGG 分类图的纵坐标、横坐标分别为 KEGG 代谢通路的名称、注释到该通路下的代谢物个数及其个数占被注释上的代谢物总数的比例。

2. 含义

通过 KEGG 富集条形图中横坐标、纵坐标、颜色、长短体现不同代谢物共同富集到的 Pathway 通路情况,展示了各对比组之间差异代谢物数目最多的通路的数量。

(三)解读

由图 4-9 可知,KEGG 差异代谢物分类在代谢(metabolism)和环境信息处理(environmental information processing)两大类上均有富集,在 Leaf_CK_vs_Leaf_S1、Leaf_CK_vs_Leaf_S2、Leaf_CK_vs_Leaf_S3、Leaf_CK_vs_Leaf_S4 四组分别有 5、4、4、5 条代谢路径,均有 1 条环境信息处理路径;Leaf_S1_vs_Leaf_S2、Leaf_S1_vs_Leaf_S3、Leaf_S1_vs_Leaf_S4 三组均有 5 条代谢路径,1 条环境信息处理路径;Leaf_S2_vs_Leaf_S4、Leaf_S3_vs_Leaf_S4 两组中全是代谢路径,分别有两条。

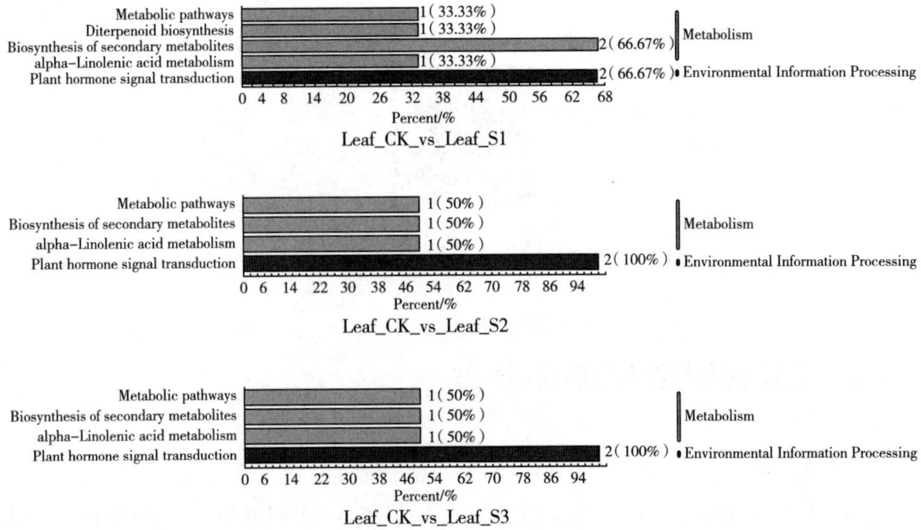

Metabolic pathways—代谢途径;Diterpenoid biosynthesis—二萜生物合成;
Biosynthesis of secondary metabolites—次生代谢物的生物合成;
alpha-Linolenic acid metabolism—α-亚麻酸代谢;Plant hormone signal transduction—植物激素信号转导。

图 4-9　差异代谢物 KEGG 分类图

拓展阅读

英文示例 4. 13

五、差异代谢物 KEGG 富集图

(一)定义

差异代谢物 KEGG 富集图(KEGG Enrichment)是 KEGG 富集分析结果[KEGG 通路和富集因子 Rich factor(Rich factor 为差异表达的代谢物中在对应通路中的个数与该通路检测注释到的代谢物总数的比值)]的图形化展示方式,利用 KEGG 富集到的 Pathway 通路绘制气泡图,图形化展示了富集到某一通路的差异代谢物及其富集程度。

(二)组成、含义与写作方式

1. 组成

差异代谢物 KEGG 富集图圆点的颜色反映 *P* 值的大小(越红表示富集越显著),圆点的大小代表富集到的差异代谢物的个数多少,纵坐标、横坐标分别为通路名称、每个通路对应的 Rich Factor。

2. 含义

由差异代谢物 KEGG 富集图中横坐标、纵坐标、气泡颜色渐变、形状、大小体现不同组学共同富集到的 Pathway 通路情况。其中,气泡的大小代表差异代谢物,其数目越多,点越大,则富集因子越大(横坐标越往右),富集度越高。

3. 写作方式

所有差异分组的差异代谢物共同富集到的通路为 a、b、c。其中,A 差异分组中,富集的 KEGG 通路包括 a、d、e 等。B 差异分组中,显著富集的 KEGG 通路包括 b、f、g 等。挑选出了每个差异分组中前 20 个差异倍数最大的差异代谢物,而且表达模式与对应的相关基因变化趋势是一致的。在 A 分组中,排名靠前的代谢物与 C、D、E 大类相关。具体 C 大类的代谢物包括 h、i、j 等(每个差异分组都可以进行描述)。

(三)解读

将不同比较组中所有的差异代谢物匹配 KEGG 的数据库从而获得代谢物参与的通路信息。对注释完的结果进行富集分析,获得差异代谢物富集较多的通路(图 4-10)。

Leaf_CK 组和 Leaf_S1 组的差异代谢物主要注释和富集在 α-亚麻酸代谢通路和植物激素信号转导通路等 5 条通路中。

Leaf_CK 组和 Leaf_S2 组的差异代谢物主要注释和富集在 α-亚麻酸代谢通路和植物激素信号转导通路等 4 条通路中。

Leaf_CK 组和 Leaf_S3 组的差异代谢物主要注释和富集在 α-亚麻酸代谢通路和植物激素信号转导通路等 4 条通路中。

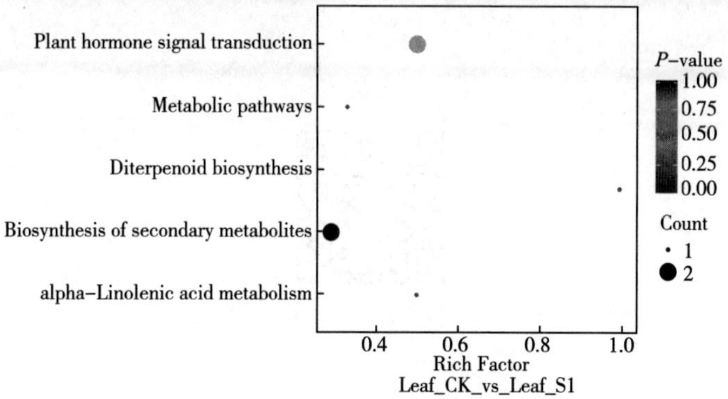

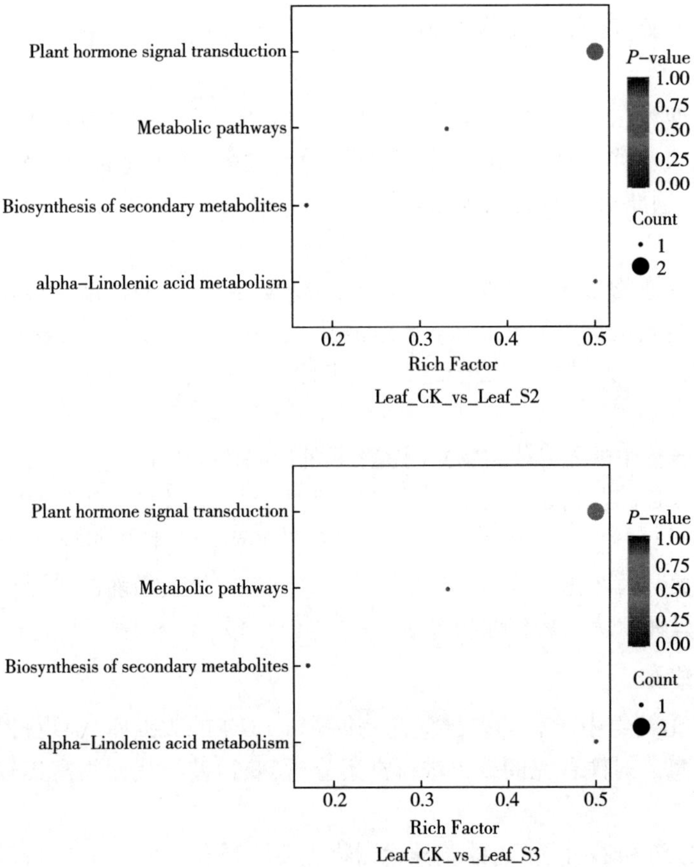

Metabolic pathways—代谢途径；Diterpenoid biosynthesis—二萜生物合成；
Biosynthesis of secondary metabolites—次生代谢物的生物合成；
alpha-Linolenic acid metabolism—α-亚麻酸代谢；
Plant hormone signal transduction—植物激素信号转导。

图 4-10　差异代谢物 KEGG 富集图

拓展阅读

英文示例 4. 14

参考文献

[1] LI L, KONG Z Y, HUAN X J, et al. Transcriptomics integrated with widely targeted metabolomics reveals the mechanism underlying grain color formation in wheat at the grain-filling stage[J]. Frontiers in Plant Science, 2021, 12: 757750.

[2] SUN J H, QIU C, DING Y Q, et al. Fulvic acid ameliorates drought stress-induced damage in tea plants by regulating the ascorbate metabolism and flavonoids biosynthesis[J]. BMC Genomics, 2020, 21(1): 411.

[3] LI P Q, RUAN Z, FEI Z X. Integrated transcriptome and metabolome analysis revealed that flavonoid biosynthesis may dominate the resistance of *Zanthoxylum bungeanum* against stem canker [J]. Journal of Agricultural and Food Chemistry, 2021, 69(22): 6360-6378.

[4] WANG F, CHEN L, CHEN H P, et al. Analysis of flavonoid metabolites in citrus peels (*Citrus reticulata* "Dahongpao") using UPLC-ESI-MS/MS[J]. Molecules, 2019, 24(15): 2680.

[5] QIN G H, LIU C Y, LI J Y, et al. Diversity of metabolite accumulation patterns in inner and outer seed coats of pomegranate: exploring their relationship with genetic mechanisms of seed coat development[J]. Horticulture Research, 2020, 7(10): 1-14.

[6] QIN W H, YANG Y, WANG Y H, et al. Transcriptomic and metabolomic analysis reveals the difference between large and small flower taxa of *Herba Epimedii* during flavonoid accumulation [J]. Scientific Reports, 2022, 12(1): 2762.

[7] ZHU C H, LU Q, ZHOU X Y, et al. Metabolic variations of organic acids, amino acids, fatty acids and aroma compounds in the pulp of different pummelo varieties[J]. LWT - Food Science & Technology, 2020, 130: 109445.

[8] LI S P, CHEN Y, DUAN Y, et al. Widely targeted metabolomics analysis of different parts of *Salsola collina* Pall[J]. Molecules, 2021, 26(4): 1126.

[9] 梅鑫，文治瑞，刘金香，等．复合绿茶对高脂血症小鼠的降脂作用[J]．食品工业科技，2022，43(1): 21-31.

[10] CHEN W C, ZHANG J Q, ZHENG S, et al. Metabolite profiling and transcriptome analyses reveal novel regulatory mechanisms of melatonin biosynthesis in hickory[J]. Horticulture Research, 2021, 8(1): 196.

[11] YANG Y, Chen M, Liu Y, et al. Metabolome and transcriptome analyses reveal different flavonoid biosynthesis and chlorophyll metabolism profiles between red leaf and green leaf of *Eucommia ulmoides*[J]. Forests, 2021, 12(9): 1260.

[12] MEI C, YANG J, YAN P, et al. Full-length transcriptome and targeted metabolome analyses provide insights into defense mechanisms of *Malus sieversii* Against *Agrilus mali*[J]. PeerJ, 2020, 8 (3): e8992.

[13] WANG F, JI G S, XU Z B, et al. Metabolomics and transcriptomics provide insights into anthocyanin biosynthesis in the developing grains of purple wheat (*Triticum aestivum* L.)[J]. Journal of

Agricultural and Food Chemistry, 2021, 69(38): 11171-11184.

[14] ZHU H H, AI H L, HU Z R, et al. Comparative transcriptome combined with metabolome analyses revealed key factors involved in nitric oxide (NO)-regulated cadmium stress adaptation in tall fescue[J]. BMC Genomics, 2020, 21(1): 601.

[15] ZHOU C B, MEI X, ROTHENBERG D O, et al. Metabolome and transcriptome analysis reveals putative genes involved in anthocyanin accumulation and coloration in white and pink tea (*Camellia sinensis*) flower[J]. Molecules, 2020, 25(1): 190.

[16] LI S P, DENG B L, TIAN S, et al. Metabolic and transcriptomic analyses reveal different metabolite biosynthesis profiles between leaf buds and mature leaves in *Ziziphus jujuba* mill[J]. Food Chemistry, 2021, 347: 129005.

[17] YANG B H, HE S, LIU Y, et al. Transcriptomics integrated with metabolomics reveals the effect of regulated deficit irrigation on anthocyanin biosynthesis in *Cabernet Sauvignon* grape berries [J]. Food Chemistry, 2020, 314: 126170.

[18] XIAO J Q, GU C Q, HE S, et al. Widely targeted metabolomics analysis reveals new biomarkers and mechanistic insights on chestnut (*Castanea mollissima* Bl.) calcification process[J]. Food Research International, 2021, 141: 110128.

[19] M K, S G. KEGG: kyoto encyclopedia of genes and genomes. [J]. Nucleic acids Research, 2000, 28 (1): 27-30.

[20] BLANCO-ULATE B, AMRINE K C H, COLLINS T S, et al. Developmental and metabolic plasticity of white-skinned grape berries in response to *Botrytis cinerea* during noble rot[J]. Plant Physiology, 2015, 169(4): 2422-2443.

[21] WANG F, GE S F, XU X X, et al. Multiomics analysis reveals new insights into the apple fruit quality decline under high nitrogen conditions[J]. Journal of Agricultural and Food Chemistry, 2021, 69(19): 5559-5572.

[22] WANG Y Q, LIU Q S, DU L X, et al. Transcriptomic and metabolomic responses of rice plants to *Cnaphalocrocis medinalis* caterpillar infestation[J]. Insects, 2020, 11(10): 705.

[23] CHEN L M, WU Q C, HE T J, et al. Transcriptomic and metabolomic changes triggered by *Fusarium solani* in common bean (*Phaseolus vulgaris* L.)[J]. Genes, 2020, 11(2): 177.

[24] DONG X, CHEN W, WANG W, ET AL. Comprehensive profiling and natural variation of flavonoids in rice[J]. Journal of Integrative Plant Biology, 2014, 56(9): 876-886.

第五章　茶饼病内转录间隔区与植物激素代谢组联合分析

第一节　主成分分析

一、代谢物主成分分析

主成分分析是一种用于无监督模式识别的多维数据统计分析方法，将一组可能存在相关性的变量与一组线性不相关的变量进行转换（即主成分），PC1 表示能描述多维数据矩阵中最明显的特征，PC2 表示除 PC1 之外的所能描述数据矩阵中最显著的特征，PC3……PC*n* 依此类推。

（一）定义

PCA 图，即通过样本之间的总体代谢差异以及组内样本之间的变异度大小，进行 PCA 分析并绘制成图。

（二）组成与含义

1. 组成

PCA 图的结果展示有 2D 图和 3D 图；第一主成分用 PC1 表示，第二主成分用 PC2 表示，第三主成分用 PC3 表示；百分比代表主成分对样品差异的贡献值；每个点代表一个样品；同一种颜色代表同一个组的样品；PCA 展示分组之间的差异，距离越近，说明样品的相似性越高，距离越远，说明样品之间的差异越明显。

2. 含义

PCA 图展示了样本之间代谢组的分离趋势，说明样本组间代谢组是否存在差异。

(三)解读

从图 5-1(1)可知,代谢组对不同病害时期的区分结果有所不同。四个不同病害时期以及未染病的嫩叶中,代谢组中 PC1 的值为 41.69%,说明代谢物差异比较明显,重复之间也比较接近;但 S1、S3、S4 之间的表达比较接近,而且重复之间的差异也较大。这可能是因为代谢物数量比较多,且大多数代谢物的表达量在 S1、S3、S4 中比较接近。

从图 5-1(2)可知,代谢组对不同病害时期的区分结果有所不同。四个不同病害时期以及未染病的嫩叶中,代谢组中 PC1 的值为 41.69%,说明代谢物差异比较明显,重复之间也比较接近;但 S1、S3、S4 之间的表达比较接近,而且重复之间的差异也较大。这可能是因为代谢物数量比较多,且大多数代谢物的表达量在 S1、S3、S4 中比较接近。

拓展阅读

英文示例 5.1

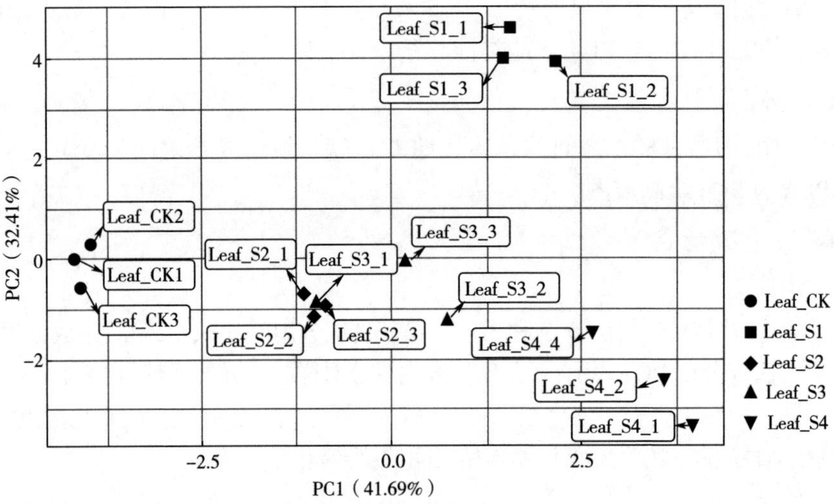

（1）代谢物2D PCA图

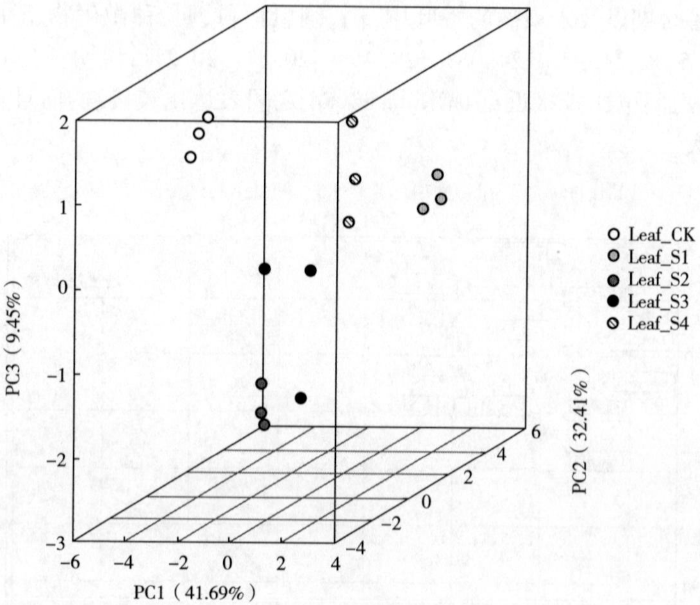

（2）代谢物3D PCA图

图 5-1　代谢物 PCA 图

二、菌群主成分分析

有关“主成分分析”的内容可参照“第五章第一节，一、代谢物主成分分析”。

（一）定义

有关“PCA 图的定义”的内容可参照“第五章第一节，一、代谢物主成分分析，（一）定义”。

（二）组成与含义

有关“PCA 图的组成与含义”的内容可参照“第五章第一节，一、代谢物主成分分析，（二）组成与含义”。

（三）解读

从图 5-2(1)可知，微生物组对不同病害时期的区分结果有所不同。四个不同病害时期以及未染病的嫩叶中，门、纲、目、科、属、种微生物组中 PC1 的值分别为 30.55%、24.97%、24.08%、24.45%、20.8%、20.2%，说明微生物差异不太明显，重复之间也比较接近；但 CK 与 S3、S4 之间表达比较接近，而且重复之间的差异也较大。

从微生物 3D PCA 可知，微生物组对不同病害时期的区分结果有所不同。四个不同病害时期以及未染病的嫩叶中，门、纲、目、科、属、种微生物组中 PC1 的值分别为 30. 55%、24. 97%、24. 08%、24. 45%、20. 8%、20. 2%，说明微生物差异不太明显，重复之间也比较接近；但 CK 与 S3、S4 之间表达比较接近，而且重复之间的差异也较大。

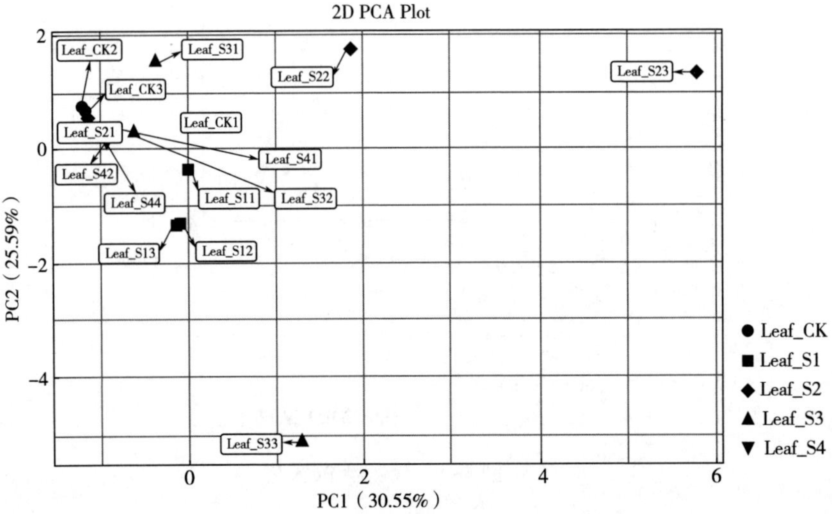

在门水平上

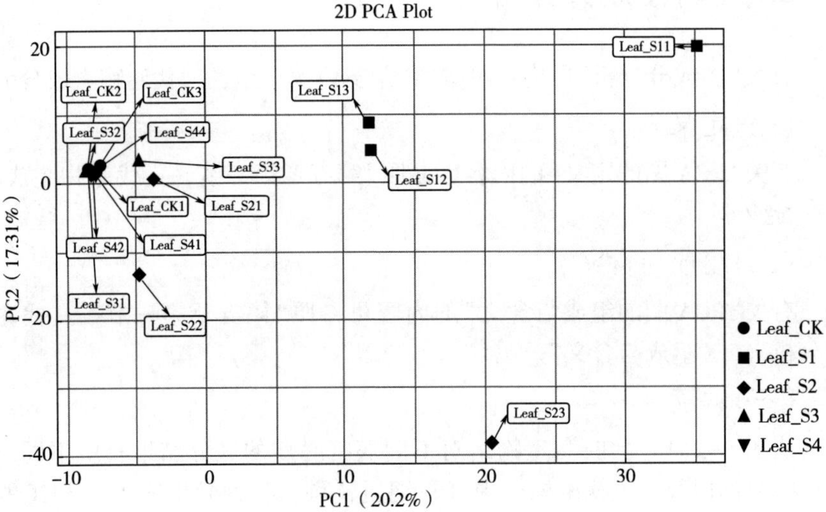

……

在属水平上

（1）微生物2D PCA图

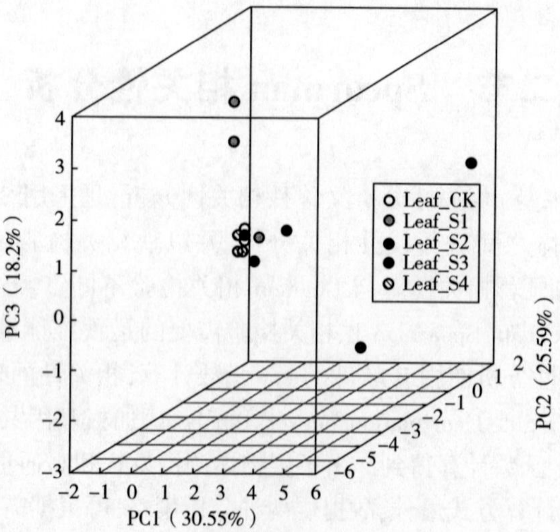

......

在门水平上

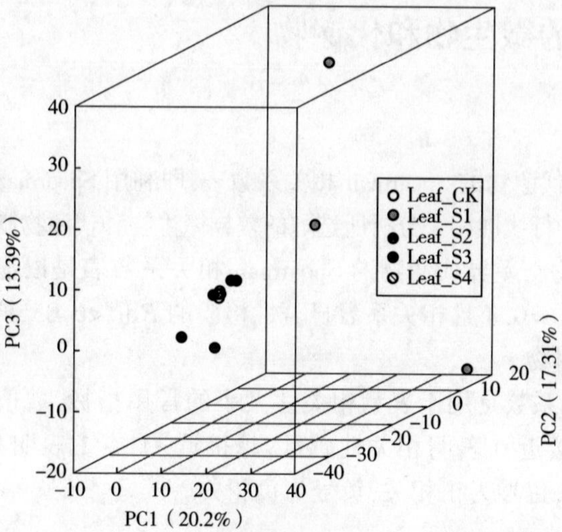

在属水平上

（2）微生物3D PCA图

图 5-2　微生物 PCA 图

拓展阅读

英文示例 5.2

第二节　Spearman 相关性分析

Spearman(斯皮尔曼)相关性分析又称秩相关性分析,是采用 Spearman 相关系数为指标,对两个总体之间进行线性相关分析,并以秩相关检验确定两个总体间是否存在统计学上的显著相关性。与 Pearson 相关检验不同,Pearson 相关检验一般需要总体服从正态分布,Spearman 秩相关检验需要的是秩统计量,对总体分布的形式没有要求。相关性分析使用 R 软件的 cor 函数计算,相关性的显著性检验使用 R 软件的 WGCNA(Weighted correlation network analysis,加权基因共表达网络分析)包的 corPvalueStudent 函数计算得到。由于生物体调控方式和高通量数据的复杂性,无法确定哪种相关性计算方式最佳,故提供两种分析策略,可根据需求选择。

一、显著相关的微生物和代谢物

(一)定义

差异微生物与差异代谢物的 Spearman 相关系数表,即利用 Spearman 相关系数为指标,对两个总体之间进行线性相关分析所选取的差异微生物和代谢物制作而成。

注:(1)差异微生物与差异代谢物的 Spearman 相关系数表是以显著相关的标准,Spearman 相关性 $|r| \geq 0.8$ 且相关系数显著性检验的 P 值<0.05,所筛选出的差异显著的微生物和代谢物。

(2)Spearman 相关系数是用于表示相关性大小的常用指标,数值介于-1~1,Spearman 相关系数越接近 0 表明相关性越低,越接近-1 或 1 表明相关性越高。正、负号表明相关方向,正号为正相关,负号为负相关。

(二)组成与含义

1. 组成

差异微生物与差异代谢物的 Spearman 相关系数表有 6 列,依次为代谢物 ID(Index)、代谢物英文名称(Compounds)、代谢物中文名称(物质)、微生物的分类学信息(Taxonomy)、Spearman 相关系数(Correlation)、e 显著性检验的 P 值(P-value)。

2. 含义

该表展示了差异微生物与差异代谢物的 Spearman 相关性系数,该指标描述两个总体之间的相关关系。

(三)解读

由表 5-1 可知,Leaf_CK_vs_Leaf_S1 的 Spearman 相关系数表中在门(phylum)

水平的分析,可得到:

在门水平,OPDA(12-氧-植物-二烯酸)和 k_Fungi(真菌界);p_Basidiomycota 担子菌门的正相关性最高,相关系数为 1,JA-ILE(茉莉酸-异亮氨酸)和 k_Fungi;p_Ascomycota 的负相关性最高,相关系数为-1。

在纲(class)、目(order)、科(family)、属(genus)、种(species)水平的分析同上。

表 5-1　　差异微生物与差异代谢物的 Spearman 相关系数表
(Leaf_CK_vs_Leaf_S1. 在门水平上)

物质简称	代谢物英文名称	物质	分类学信息	Spearman 相关系数	*P* 值
GA3	Gibberellin A3	赤霉素 3	k_Fungi;p_ Chytridiomycota	0. 885364878	0. 018958595
			……		
SAG	Salicylic acid 2-*O*-*β*-glucoside	水杨酸-2-*O*-*β*-葡萄糖苷	k_Fungi; p_Chytridiomycota	0. 83323809	0. 039395516

注:k_Fungi;p_Chytridiomycota—真菌界壶菌门。

二、相关性聚类热图

(一)定义

差异微生物与差异代谢物的 Spearman 相关性聚类热图,即利用差异微生物与差异代谢物的 Spearman 相关系数表绘制所得,其直观地展示了差异微生物与差异代谢物的相关性。

(二)组成与含义

1. 组成

第一类图的横坐标代表代谢物,纵坐标代表微生物;其中“ * ”表示相关系数显著性检验的 *P* 值小于 0. 05,“ ** ”表示 *P* 值小于 0. 01;Spearman 相关系数越接近 0,表明相关性越低,越接近-1 或 1,表明相关性越高;正、负号表明相关方向,正号为正相关,负号为负相关。

2. 含义

该图展示了差异微生物与差异代谢物的 Spearman 相关性大小,该指标描述两个总体之间的相关关系。

(三)解读

图 5-3 表示的是差异微生物与差异代谢物的 Spearman 相关性大小,越接近于 1 或-1 的,表明相关性越强。从图 5-3 可知,Leaf_CK_vs_Leaf_S1、Leaf_CK_vs_Leaf_S4、Leaf_S1_vs_Leaf_S4 这三组中相关性较强的代谢物数量最多,其中 Leaf_

CK_vs_Leaf_S1、Leaf_CK_vs_Leaf_S4 对比组中正相关的代谢物数量较多，Leaf_S1_vs_Leaf_S4 中负相关的代谢物数量较多，差异显著的代谢物数量也最多。Leaf_CK_vs_Leaf_S1、Leaf_S1_vs_Leaf_S4、Leaf_S2_vs_Leaf_S4 三组中相关性较强的微生物数量最多，差异显著的微生物数量也最多。

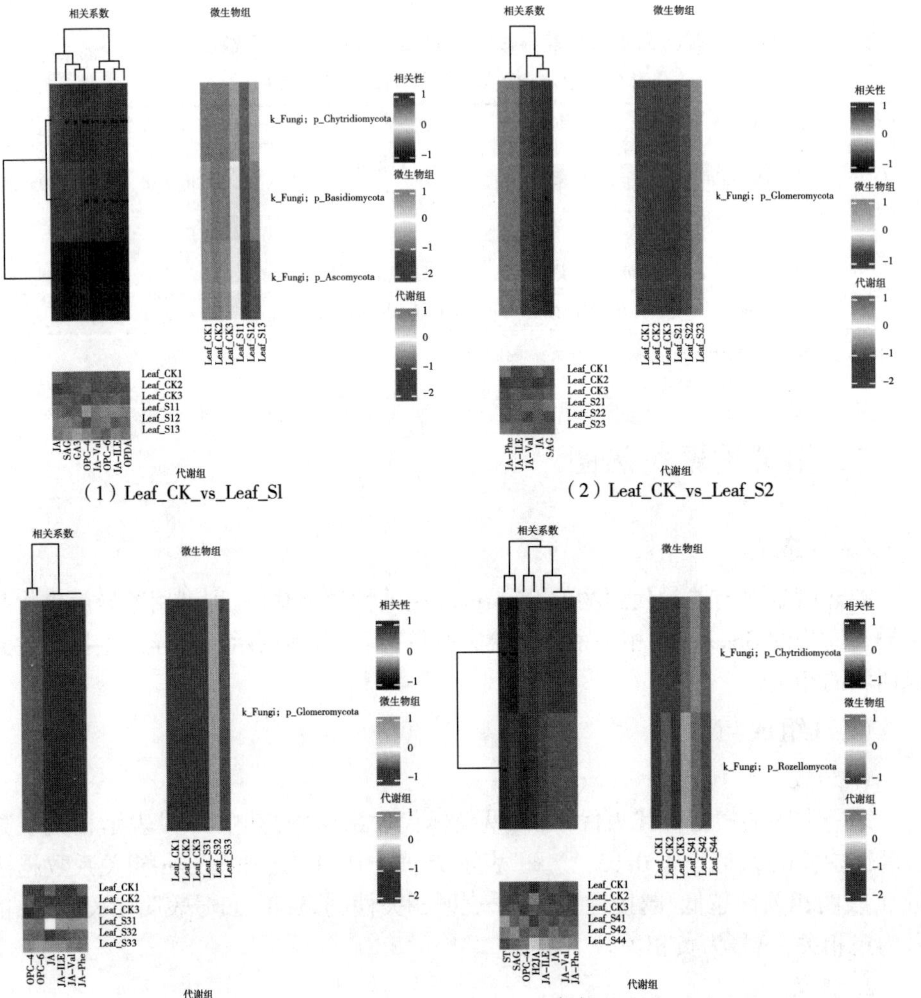

（1）Leaf_CK_vs_Leaf_Sl　（2）Leaf_CK_vs_Leaf_S2

（3）Leaf_CK_vs_Leaf_S3　（4）Leaf_CK_vs_Leaf_S4

（JA—茉莉酸；JA-Val—茉莉酸-缬氨酸；JA-ILE—茉莉酸-异亮氨酸；JA-Phe—茉莉酸-苯丙氨酸；
OPC-4—氧化戊烯基环戊烷丁酸；OPC-6—氧化戊烯基环戊烷己酸；OPDA—12-氧-植物-二烯酸；
GA3—赤霉素 3；SAG—水杨酸-2-*O*-*β*-葡萄糖苷；ST—独脚金醇；H2JA—二氢茉莉酸；
Chytridiomycota—壶菌门；Basidiomycota—担子菌门；Ascomycota—子囊菌门；
Glomeromycota—球囊菌门；Rozellomycota—罗泽菌门。）

图 5-3　门水平上的差异微生物和差异代谢物的 Spearman 相关性聚类热图

拓展阅读

英文示例 5.3

三、相关性层次聚类热图

(一)定义

为了直观地反映差异微生物与差异代谢物表达模式的异同,对差异微生物与差异代谢物进行 Sperman 相关性层次聚类分析。分支越近,代表微生物或代谢物具有相似的表达模式。

(二)组成与含义

1. 组成

差异微生物与差异代谢物的 Spearman 相关性层次聚类热图中横坐标代表代谢物,纵坐标代表微生物;其中"＊"表示相关系数显著性检验的 P 值小于 0.05,"＊＊"表示 P 值小于 0.01;左侧进化树表示微生物层次聚类结果,上方的进化树表示代谢物的层次聚类结果;分支越近,代表微生物或代谢物具有相似的表达模式;红色表示正相关,蓝色表示负相关。

2. 含义

该图展示了差异微生物与差异代谢物的表达模式的异同相关。

(三)解读

从图 5-4 可知,Leaf_CK_vs_Leaf_S1、Leaf_S1_vs_Leaf_S4 这两组的代谢物和微生物的相关性最高,且种类也是最多的。

拓展阅读

英文示例 5.4

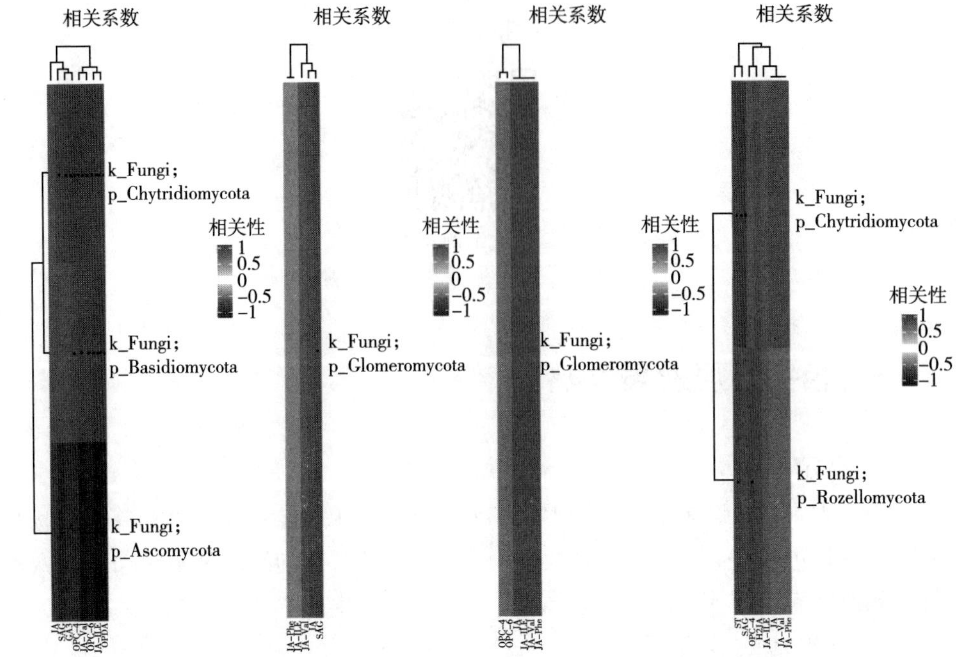

（1）Leaf_CK_vs_Leaf_S1　（2）Leaf_CK_vs_Leaf_S2　（3）Leaf_CK_vs_Leaf_S3　（4）Leaf_CK_vs_Leaf_S4

JA—茉莉酸；JA-Val—茉莉酸-缬氨酸；JA-ILE—茉莉酸-异亮氨酸；JA-Phe—茉莉酸-苯丙氨酸；
OPC-4—氧化戊烯基环戊烷丁酸；OPC-6—氧化戊烯基环戊烷己酸；OPDA—12-氧-植物-二烯酸；
GA3—赤霉素 3；SAG—水杨酸-2-*O*-*β*-葡萄糖苷；ST—独脚金醇；H2JA—二氢茉莉酸；
Chytridiomycota—壶菌门；Basidiomycota—担子菌门；Ascomycota—子囊菌门；
Glomeromycota—球囊菌门；Rozellomycota—罗泽菌门。

图 5-4　门水平上的差异微生物与差异代谢物的 Spearman 相关性层次聚类热图

四、Top20 差异代谢物与微生物的相关性热图

（一）定义

Top20（前 20 个）差异代谢物与差异微生物的 Spearman 相关性热图，即利用变量重要性投影（VIP）最大的前 20 个差异代谢物与差异微生物的 Spearman 相关性数据绘制而成。

注：使用 R 软件的 corrplot 包进行绘制，若差异代谢物数量不足 20，则用全部数据绘制热图。

(二)组成与含义

1. 组成

Top20 差异代谢物与差异微生物的 Spearman 相关性热图的横坐标为微生物，纵坐标为代谢物；红色椭圆表示正相关，蓝色椭圆表示负相关；空白格子表示显著性 P 值大于 0.05；Spearman 相关性绝对值越大，椭圆越细。

2. 含义

该图展示了前 20 个差异代谢物与差异微生物的相关性。

(三)解读

从图 5-5 可知，Leaf_CK_vs_Leaf_S1、Leaf_S1_vs_Leaf_S4、Leaf_S2_vs_Leaf_S4 这三组的前 20 个差异代谢物和差异微生物的相关性最高，相对应的种类也多。

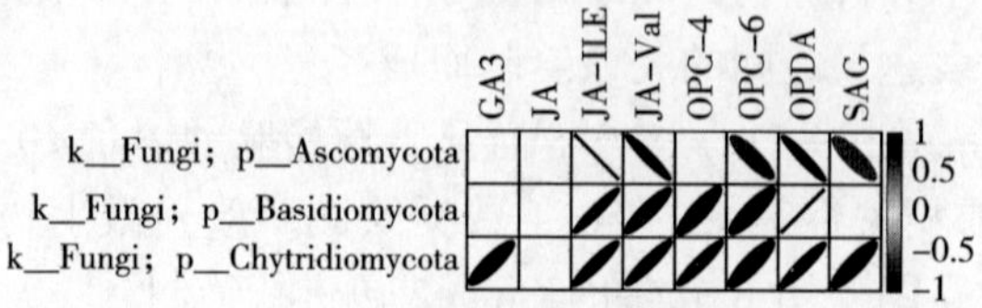

(1) Leaf_CK_vs_Leaf_S1

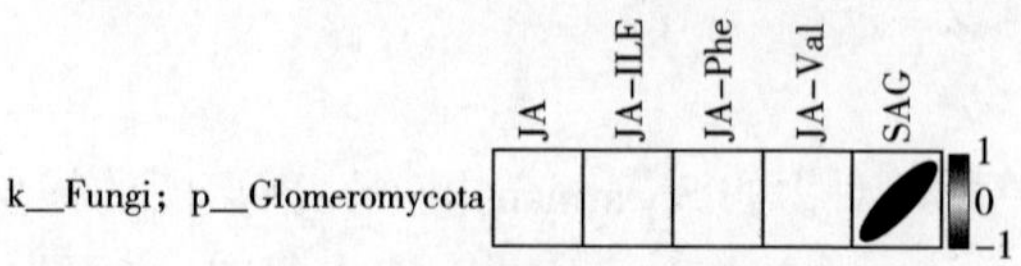

(2) Leaf_CK_vs_Leaf_S2

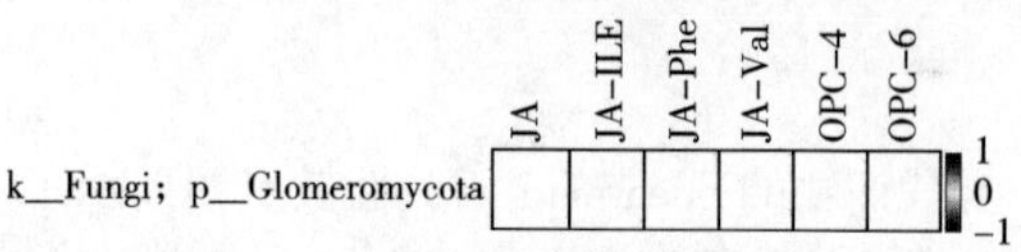

(3) Leaf_CK_vs_Leaf_S3

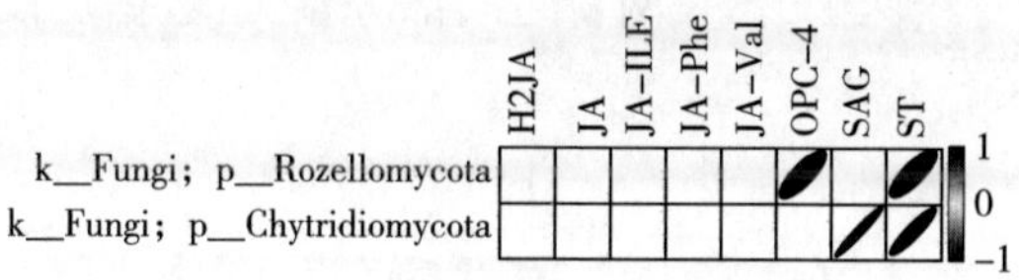

(4) Leaf_CK_vs_Leaf_S4

Ascomycota—子囊菌门；Basidiomycota—担子菌门；Chytridiomycota—壶菌门；Glomeromycota—球囊菌门；Rozellomycota—罗泽菌门；GA3—赤霉素 3；JA—茉莉酸；JA-ILE—茉莉酸-异亮氨酸；JA-Val—茉莉酸-缬氨酸；JA-Phe—茉莉酸-苯丙氨酸；OPC-4—氧化戊烯基环戊烷丁酸；OPC-6—氧化戊烯基环戊烷己酸；OPDA—12-氧-植物-二烯酸；SAG—水杨酸-2-O-β-葡萄糖苷；H2JA—二氢茉莉酸；ST—独脚金醇。

图 5-5　Top20 差异代谢物与差异微生物的 Spearman 相关性热图

拓展阅读

英文示例 5.5

五、相关性散点图

(一)定义

差异微生物与差异代谢物的 Spearman 相关性散点图,即根据微生物的相对丰度和代谢物的相对表达量之间的关系绘制而成。

注:根据 Spearman 相关性 $|r| \geq 0.8$ 且显著性检验的 P 值 <0.05 对相关性数据进行过滤,最多选取相关性最大的 50 条数据绘图。差异微生物与差异代谢物的 Spearman 相关性散点图使用 R 软件的 ggplot2 包进行绘制。

(二)组成与含义

1. 组成

差异微生物与差异代谢物的 Spearman 相关性散点图的横坐标表示微生物的相对丰度,纵坐标表示代谢物的相对表达量。左上角的 r 为相关系数,P 值为该相关性的显著性水平。

2. 含义

差异微生物与差异代谢物的 Spearman 相关性散点图展示了某个显著性差异的微生物与代谢物之间的相关性。数据点全部落在拟合直线上,代表两者之间完全相关;数据点落在拟合直线两侧,代表两者之间部分相关;数据点没有规律分布分散,代表两者之间不相关。

(三)解读

由图 5-6 可知,在 Leaf-CK 组中,微生物与代谢物之间的相关性很强。在 Leaf-S1 组中,微生物与代谢物之间部分相关性较强。

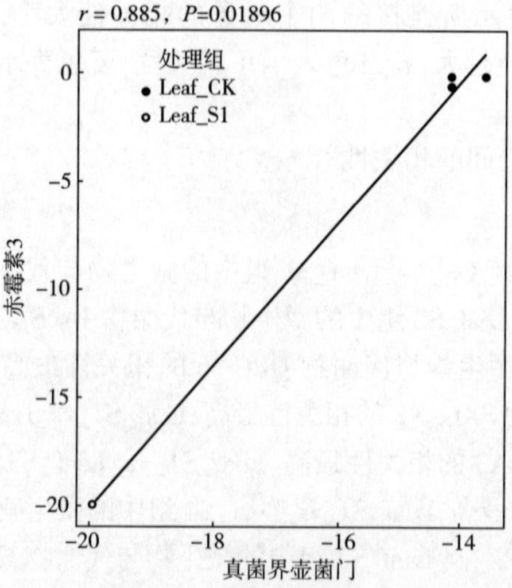

图 5-6　门水平上的差异微生物与差异代谢物的 Spearman 相关性散点图

拓展阅读

英文示例 5.6

六、相关性和弦图

(一)定义

差异微生物与差异代谢物的 Spearman 相关性和弦图，即根据代谢物和微生物的相关性大小绘制而成。

注：选取 Spearman 相关性 $|r| \geq 0.8$ 且相关系数显著性检验的 $P<0.05$ 的数据绘图，最多只显示 150 条相关性数据。

(二)组成与含义

1. 组成

差异微生物与差异代谢物的 Spearman 相关性和弦图中的节点数据有代谢物和微生物，节点数据沿圆周径向排列，节点之间使用带权重(有宽度)的弧线连接；

弦连接(link)的宽度表示所连接的两个对象的相关性大小;弦连接的宽度越宽,Spearman 相关性绝对值越大;粉红色表示正相关性,蓝色表示负相关性。

2. 含义

该图展示了数据之间的相关性。

(三)解读

从图 5-7 可知,Leaf_CK_vs_Leaf_S1 组中的微生物与代谢物 OPC-6、GA3 的相关性最高,Leaf_CK_vs_Leaf_S2 组中的微生物与代谢物 JA、SAG 的相关性最高,Leaf_CK_vs_Leaf_S3 组中的微生物与代谢物 OPC-6 的相关性最高,Leaf_CK_vs_Leaf_S4 组中的微生物与代谢物 SAG、ST 的相关性最高,Leaf_S1_vs_Leaf_S2 组中的微生物与代谢物 ABA、OPC-6、GA3 的相关性最高,Leaf_S1_vs_Leaf_S3 组中的微生物与代谢物 GAS、ABA 的相关性最高,Leaf_S1_vs_Leaf_S4 组中的微生物与代谢物 GAS、OPC-6 的相关性最高,Leaf_S2_vs_Leaf_S3 组中的微生物与代谢物 OPC-6 的相关性最高,Leaf_S2_vs_Leaf_S4 组中的微生物与代谢物 ST、TA-Val、OPC-4 的相关性最高,Leaf_S3_vs_Leaf_S4 组中的微生物与代谢物 OPC-6、ST 的相关性最高。

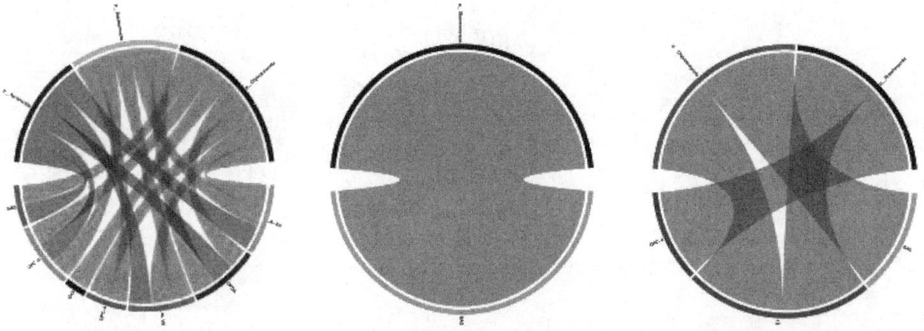

(1) Leaf_CK_vs_Leaf_S1　　(2) Leaf_CK_vs_Leaf_S2　　(3) Leaf_CK_vs_Leaf_S4

JA-Val—茉莉酸-缬氨酸;JA-ILE—茉莉酸-异亮氨酸;OPC-4—氧化戊烯基环戊烷丁酸;
OPC-6—氧化戊烯基环戊烷己酸;OPDA—12-氧-植物-二烯酸;GA3—赤霉素 3;
SAG—水杨酸-2-*O*-*β*-葡萄糖苷;ST—独脚金醇;Chytridiomycota—壶菌门;
Basidiomycota—担子菌门;Ascomycota—子囊菌门;Glomeromycota—球囊菌门;Rozellomycota—罗泽菌门。

图 5-7　门水平上的差异微生物与差异代谢物的 Spearman 相关性和弦图

拓展阅读

英文示例 5.7

七、相关性网络图

(一)定义

差异微生物与差异代谢物的 Spearman 相关性网络图,即利用差异相关性表中的 geneID、metaID、P-value、coefficient 绘制所得,其直观地展示了差异微生物与差异代谢物的相关性。

注:选取 Spearman 相关性 $|r| \geqslant 0.8$ 且相关系数显著性检验的 $P<0.05$ 的数据绘图。

(二)组成与含义

1. 组成

差异微生物与差异代谢物的 Spearman 相关性网络图中粉红色点代表代谢物,浅绿色点代表微生物;红色代表差异微生物与差异代谢物正相关,蓝色则相反;线的粗细表示相关性强弱;动态网络图中节点大小表示度的大小,即连接的边越多,节点越大。

2. 含义

该图展示了不同环境因素对微生物适应性的影响,以及某个环境下占互作主导地位的优势物种、互作紧密的物种群,这些优势物种以及物种群往往对维持该环境的微生物群落结构和功能稳定发挥着独特以及重要的作用。

(三)解读

从图 5-8 可知,代谢物与微生物的相关性很高,所对应相关的微生物数量比代谢物多,且大多数都是正相关的。

拓展阅读

英文示例 5.8

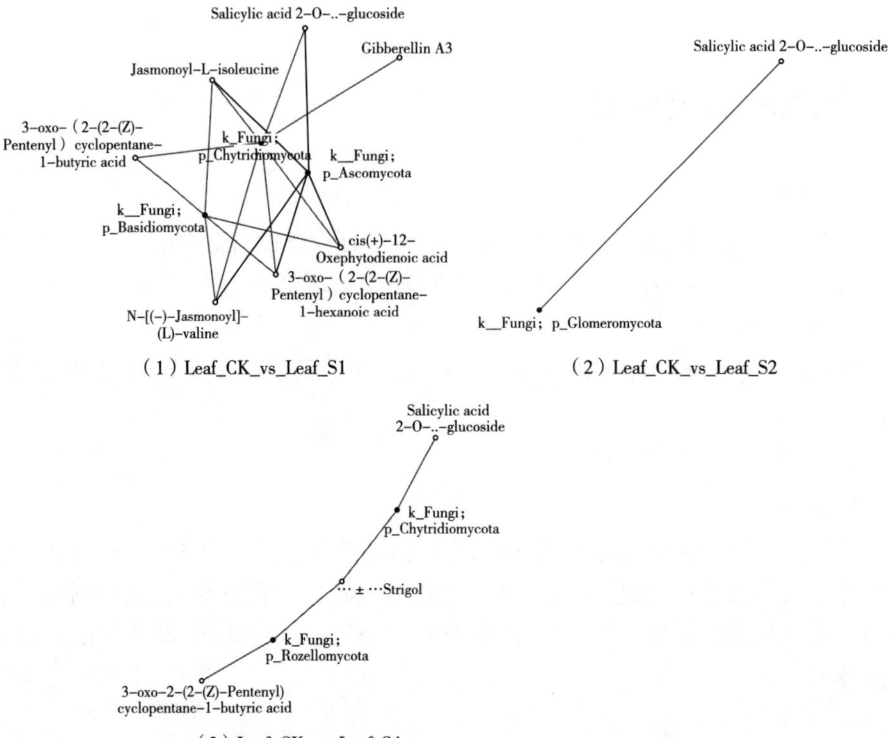

（1）Leaf_CK_vs_Leaf_S1　　（2）Leaf_CK_vs_Leaf_S2

（3）Leaf_CK_vs_Leaf_S4

JA-Val—茉莉酸-缬氨酸；JA-ILE—茉莉酸-异亮氨酸；OPC-4—氧化戊烯基环戊烷丁酸；OPC-6—氧化戊烯基环戊烷己酸；OPDA—12-氧-植物-二烯酸；GA3—赤霉素 3；SAG—水杨酸-2-*O*-*β*-葡萄糖苷；ST—独脚金醇；Chytridiomycota—壶菌门；Basidiomycota—担子菌门；Ascomycota—子囊菌门；Glomeromycota—球囊菌门；Rozellomycota—罗泽菌门。

图 5-8　门水平上的差异微生物与差异代谢物的 Spearman 相关性网络图

第三节　Pearson 相关性分析

Pearson（皮尔逊）相关系数用于度量两个变量 X 和 Y 之间的线性相关程度，等于 X 和 Y 的协方差除以 X 和 Y 的标准差。Pearson 相关系数的取值范围为[-1,1]，正数表示正相关，负数表示负相关，绝对值越大，相关性越大。绝对值为 1 表示完全线性相关。相关性分析使用 R 软件的 cor 函数计算，相关性的显著性检验使用 R 软件的 WGCNA 包的 corPvalueStudent 函数计算得到。

一、显著相关的微生物和代谢物

(一)定义

差异微生物与差异代谢物的 Pearson 相关系数表,即根据差异微生物和差异代谢物的 Pearson 相关系数制作而成。

注:(1)差异微生物与差异代谢物的 Pearson 相关系数表是以显著相关的标准,Pearson 相关性 $|r|\geqslant 0.8$ 且相关系数显著性检验的 $P<0.05$,所筛选出的差异显著的微生物和代谢物。

(2)Pearson 相关系数取值范围为[-1,1],正数表示正相关,负数表示负相关,绝对值越大,相关性越大。绝对值为 1 表示完全相关。

(二)组成与含义

1. 组成

差异微生物与差异代谢物的 Pearson 相关系数表有 6 列,依次为代谢物 ID (Index)、代谢物英文名称(Compounds)、代谢物中文名称(物质)、微生物的分类学信息(Taxonomy)、Pearson 相关系数(Correlation)、e 显著性检验的 *P* 值(*P*-value)。

2. 含义

该表展示了差异微生物与差异代谢物的 Pearson 相关性系数,该指标描述两个总体之间的相关关系。

(三)解读

由表 5-2 可知,Leaf_CK_vs_Leaf_S1 的 Pearson 相关系数表中门、纲、目、科、属、种组的分析,可分别得到:

在门水平,GA3(赤霉素 3)和 k_Fungi、p_Chytridiomycota 的正相关性最高,相关系数为 0.99809,OPC-4(氧化戊烯基环戊烷丁酸)和 k_Fungi、p_Ascomycota 的负相关性最高,相关系数为-0.93354。

在纲、目、科、属、种水平的分析同上。

表 5-2　差异微生物与差异代谢物的 Pearson 相关系数表(Leaf_CK_vs_Leaf_S1. phylum)

物质简称	代谢物英文名称	物质	分类学信息	Pearson 相关系数	*P* 值
GA3	Gibberellin A3	赤霉素 3	k_Fungi; p_Ascomycota	-0.89131	0.017077
			……		
SAG	Salicylic acid 2-*O*-*β*-glucoside	水杨酸-2- *O*-*β*-葡萄糖苷	k_Fungi; p_Chytridiomycota	0.986846	0.000258

二、相关性聚类热图

(一)定义

差异微生物与差异代谢物的 Pearson 相关性聚类热图,即利用差异微生物与差异代谢物的 Pearson 相关系数表绘制所得,其直观地展示了差异微生物与差异代谢物的相关性。

(二)组成与含义

1. 组成

第一类图的横坐标表示代谢物,纵坐标表示微生物;其中 $P<0.05$ 为差异显著,用“ * ”表示,$P<0.01$ 为差异极显著,用“ ** ”表示;Pearson 相关系数的绝对值越大,越接近于 1 或-1,相关度越强;相关系数越接近于 0,相关度越弱。

2. 含义

该图展示了差异微生物与差异代谢物的 Pearson 相关性大小,该指标描述两个总体之间的相关关系。

(三)解读

图 5-9 表示的是差异微生物与差异代谢物的 Pearson 相关性大小,越接近于 1 或-1 的表明相关性越强。从图 5-9 可知,Leaf_CK_vs_Leaf_S1、Leaf_S1_vs_Leaf_S4、Leaf_S2_vs_Leaf_S4 这三组中相关性较强的代谢物数量最多,其中 Leaf_CK_vs_Leaf_S1、Leaf_S1_vs_Leaf_S4 对比组中正相关的代谢物数量较多,Leaf_S2_vs_Leaf_S4 中负相关的代谢物数量较多,差异显著的代谢物数量也最多。Leaf_CK_vs_Leaf_S1、Leaf_S1_vs_Leaf_S4、Leaf_S2_vs_Leaf_S4 三组中相关性较强的微生物数量最多,差异显著的微生物数量也最多。

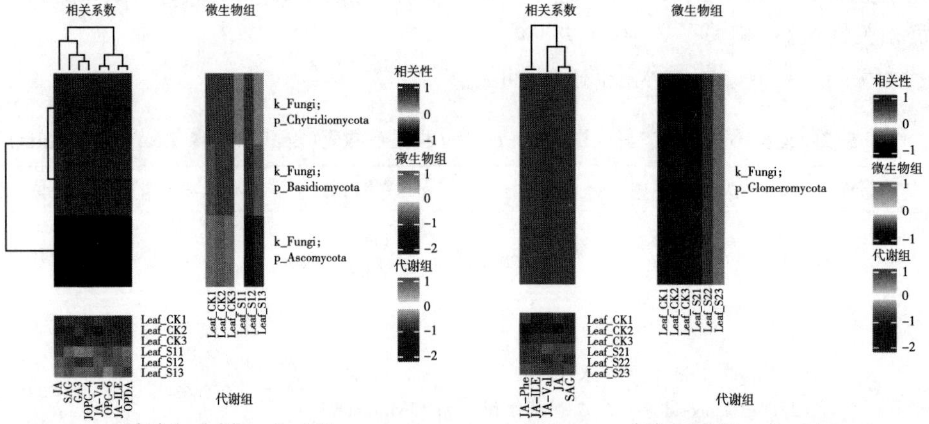

(1) Leaf_CK_vs_Leaf_S1　　(2) Leaf_CK_vs_Leaf_S2

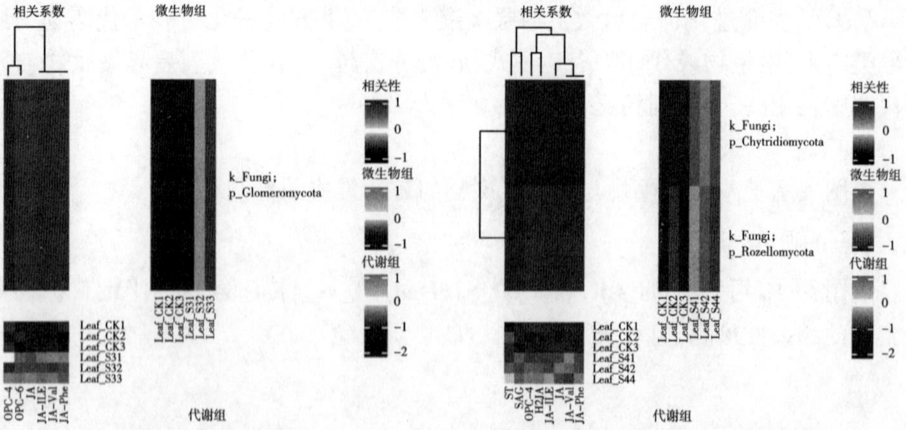

（3）Leaf_CK_vs_Leaf_S3　　　（4）Leaf_CK_vs_Leaf_S4

JA—茉莉酸；JA-Val—茉莉酸-缬氨酸；JA-ILE—茉莉酸-异亮氨酸；JA-Phe—茉莉酸-苯丙氨酸；OPC-4—氧化戊烯基环戊烷丁酸；OPC-6—氧化戊烯基环戊烷己酸；OPDA—12-氧-植物-二烯酸；GA3—赤霉素 3；SAG—水杨酸-2-*O*-*β*-葡萄糖苷；ST—独脚金醇；H2JA—二氢茉莉酸；Chytridiomycota—壶菌门；Basidiomycota—担子菌门；Ascomycota—子囊菌门；Glomeromycota—球囊菌门；Rozellomycota—罗泽菌门。

图 5-9　门水平上的差异微生物与差异代谢物的 Pearson 相关性聚类热图

拓展阅读

英文示例 5.9

三、相关性层次聚类热图

（一）定义

为了直观地反映差异微生物与差异代谢物的表达模式的异同，对差异微生物与差异代谢物进行 Pearson 相关性层次聚类分析。分支越近，代表微生物或代谢物具有相似的表达模式。

（二）组成与含义

1. 组成

差异微生物与差异代谢物的 Pearson 相关性层次聚类热图中行代表微生物，列代表代谢物；其中 $P<0.05$ 为差异显著，用“ * ”表示，$P<0.01$ 为差异极显著，用

“ ** ”表示；左侧进化树表示微生物层次聚类结果，上方的进化树表示代谢物的层次聚类结果；微生物或代谢物表达模式相似，分支越近；红色代表差异微生物与差异代谢物正相关，蓝色则相反。

2. 含义

该图展示了差异微生物与差异代谢物的表达模式的异同相关。

（三）解读

从图 5-10 可知，Leaf_CK_vs_Leaf_S1、Leaf_S1_vs_Leaf_S4 这两组的代谢物和微生物的相关性最高，且种类也是最多的。

拓展阅读

英文示例 5.10

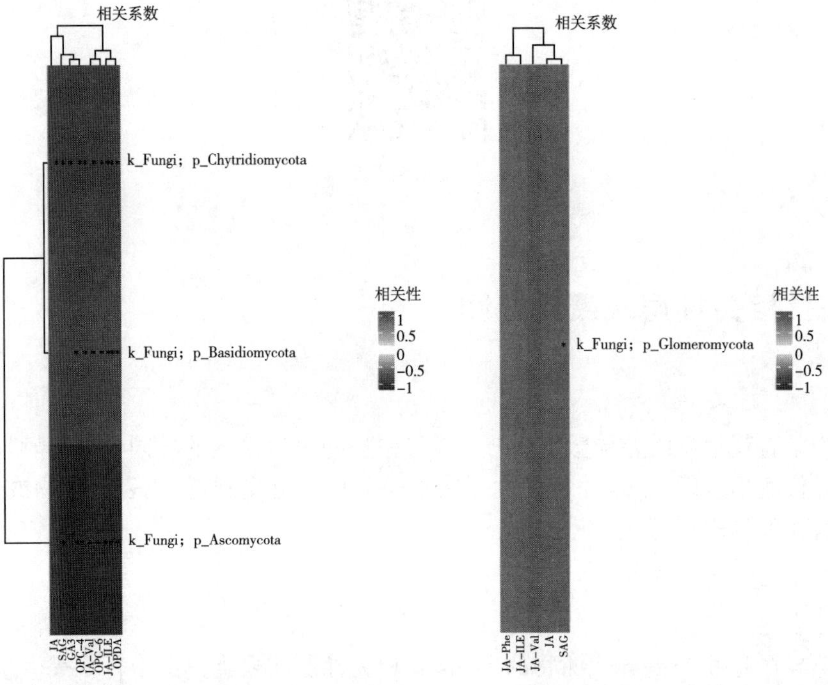

（1）Leaf_CK_vs_Leaf_S1　　（2）Leaf_CK_vs_Leaf_S2

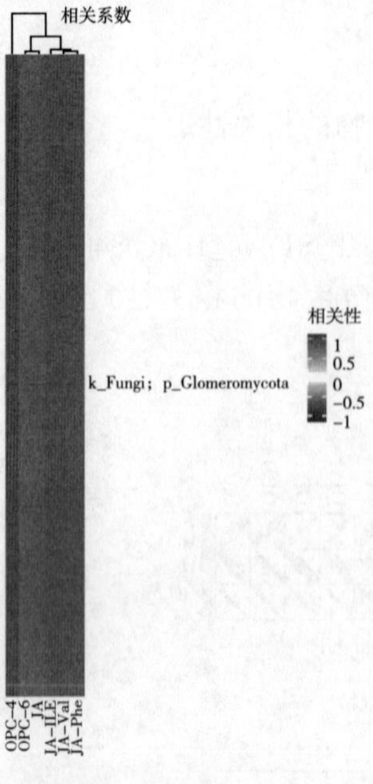

（3）Leaf_CK_vs_Leaf_S3

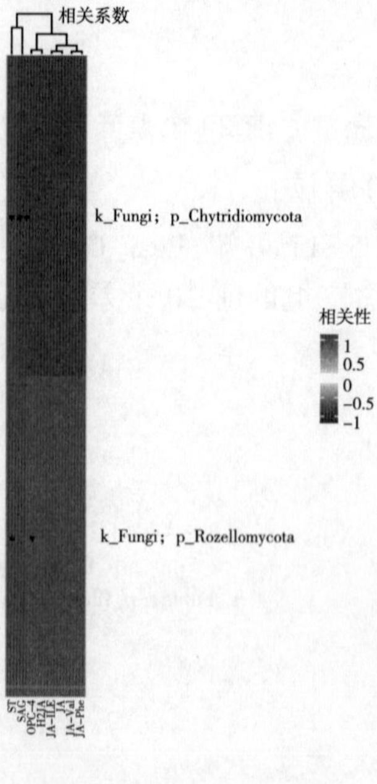

（4）Leaf_CK_vs_Leaf_S4

JA—茉莉酸;JA-Val—茉莉酸-缬氨酸;JA-ILE—茉莉酸-异亮氨酸;JA-Phe—茉莉酸-苯丙氨酸;
OPC-4—氧化戊烯基环戊烷丁酸;OPC-6—氧化戊烯基环戊烷己酸;OPDA—12-氧-植物-二烯酸;
GA3—赤霉素 3;SAG—水杨酸-2-*O*-*β*-葡萄糖苷;ST—独脚金醇;H2JA—二氢茉莉酸;Chytridiomycota—壶菌门;
Basidiomycota—担子菌门;Ascomycota—子囊菌门;Glomeromycota—球囊菌门;Rozellomycota—罗泽菌门。

图 5-10　差异微生物与差异代谢物的 Pearson 相关性层次聚类热图

四、Top20 差异代谢物与微生物的相关性热图

(一)定义

Top20 差异代谢物与差异微生物的 Pearson 相关性热图,即利用 VIP 最大的前 20 个差异代谢物与差异微生物的 Pearson 相关性数据绘制而成。

注:使用 R 软件的 corrplot 包进行绘制,若差异代谢物数量不足 20,则用全部数据绘制热图。

(二)组成与含义

1. 组成

Top20 差异代谢物与差异微生物的 Pearson 相关性热图的横坐标为微生物,纵坐标为代谢物;计算机显示图像中红色椭圆表示正相关,蓝色椭圆表示负相关;空白格子表示显著性 *P* 值大于 0.05;Pearson 相关性绝对值越大,椭

圆越细。

2. 含义

该图展示了前 20 个差异代谢物与差异微生物的相关性。

(三)解读

从图 5-11 可知,Leaf_CK_vs_Leaf_S1、Leaf_S1_vs_Leaf_S4、Leaf_S2_vs_Leaf_S4 这三组的前 20 个差异代谢物和差异微生物的相关性最高,相对应的种类也多。

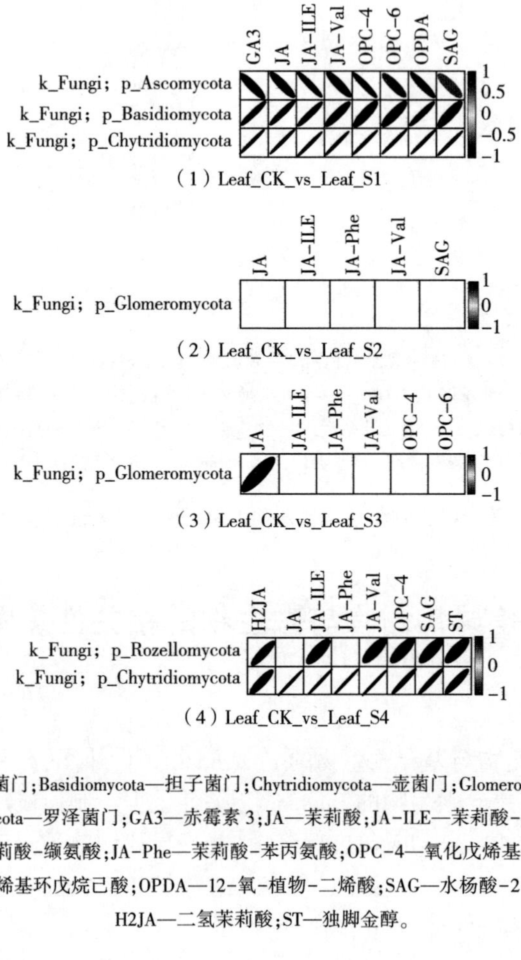

Ascomycota—子囊菌门;Basidiomycota—担子菌门;Chytridiomycota—壶菌门;Glomeromycota—球囊菌门;Rozellomycota—罗泽菌门;GA3—赤霉素 3;JA—茉莉酸;JA-ILE—茉莉酸-异亮氨酸;JA-Val—茉莉酸-缬氨酸;JA-Phe—茉莉酸-苯丙氨酸;OPC-4—氧化戊烯基环戊烷丁酸;OPC-6—氧化戊烯基环戊烷己酸;OPDA—12-氧-植物-二烯酸;SAG—水杨酸-2-*O*-*β*-葡萄糖苷;H2JA—二氢茉莉酸;ST—独脚金醇。

图 5-11　门水平上的 Top20 差异代谢物与差异微生物的 Pearson 相关性热图

“英文示例”可参照“第五章第二节,四、Top20 差异代谢物与微生物的相关性热图”。

五、相关性散点图

(一)定义

差异微生物与差异代谢物的 Pearson 相关性散点图,即根据微生物的相对丰度和代谢物的相对表达量之间的关系绘制而成。

注:根据 Pearson 相关性|r|≥0. 8 且显著性检验的 P<0. 05 对相关性数据进行过滤,最多选取相关性最大的 50 条数据绘图。差异微生物与差异代谢物的 Pearson 相关性散点图使用 R 软件的 ggplot2 包进行绘制。

(二)组成与含义

1. 组成

差异微生物与差异代谢物的 Pearson 相关性散点图的横坐标表示微生物的相对丰度,纵坐标表示代谢物的相对表达量。左上角的 r 为相关系数,P 值为该相关性的显著性水平。

2. 含义

相关性散点图展示了某个显著性差异的微生物与代谢物之间的相关性。数据点全部落在拟合直线上,代表两者之间完全相关;数据点落在拟合直线两侧,代表两者之间部分相关;数据点没有规律分布分散,代表两者之间不相关。

(三)解读

由图 5-12 可知,在 Leaf-CK 组中,微生物与代谢物之间的相关性较弱。在 Leaf-S1 组中,微生物与代谢物之间部分相关性较弱。

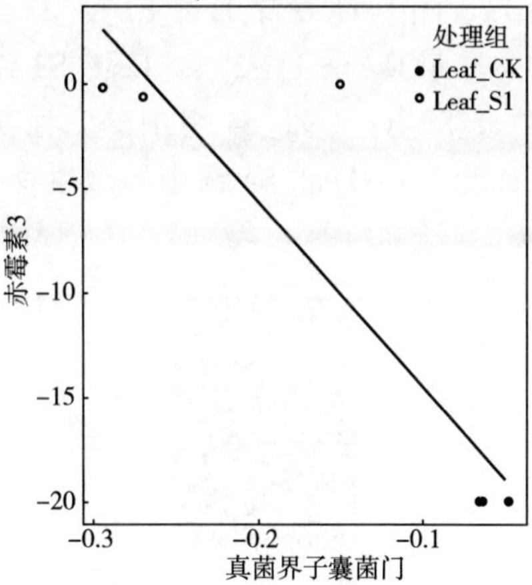

图 5-12　门水平上的差异微生物与差异代谢物的 Pearson 相关性散点图

六、相关性和弦图

(一)定义

差异微生物与差异代谢物的 Pearson 相关性和弦图,即根据代谢物和微生物的相关性大小绘制而成。

注:选取 Pearson 相关性 $|r| \geq 0.8$ 且相关系数显著性检验的 $P<0.05$ 的数据绘图,最多只显示 150 条相关性数据。

(二)组成与含义

1. 组成

差异微生物与差异代谢物的 Pearson 相关性和弦图中的节点数据有代谢物和微生物,节点数据沿圆周径向排列,节点之间使用带权重(有宽度)的弧线连接;弦连接(link)的宽度表示所连接的两个对象的相关性大小;弦连接的宽度越宽,Pearson 相关性绝对值越大;粉红色表示正相关性,蓝色表示负相关性。

2. 含义

该图展示了数据之间的相关性。

(三)解读

从图 5-12 可知,Leaf_CK_vs_Leaf_S1 组中的微生物与代谢物 OPC-6、GA3 的相关性最高,Leaf_CK_vs_Leaf_S2 组中的微生物与代谢物 JA、SAG 的相关性最高,Leaf_CK_vs_Leaf_S3 组中的微生物与代谢物 OPC-6 的相关性最高,Leaf_CK_vs_Leaf_S4 组中的微生物与代谢物 SAG、ST 的相关性最高,Leaf_S1_vs_Leaf_S2 组中的微生物与代谢物 ABA、OPC-6、GA3 的相关性最高,Leaf_S1_vs_Leaf_S3 组中的微生物与代谢物 GA3、ABA 的相关性最高,Leaf_S1_vs_Leaf_S4 组中的微生物与代谢物 GA3、OPC-6 的相关性最高,Leaf_S2_vs_Leaf_S3 组中的微生物与代谢物 OPC-6 的相关性最高,Leaf_S2_vs_Leaf_S4 组中的微生物与代谢物 ST、JA-Val、OPC-4 的相关性最高,Leaf_S3_vs_Leaf_S4 组中的微生物与代谢物 OPC-6、ST 的相关性最高。

拓展阅读

英文示例 5. 11

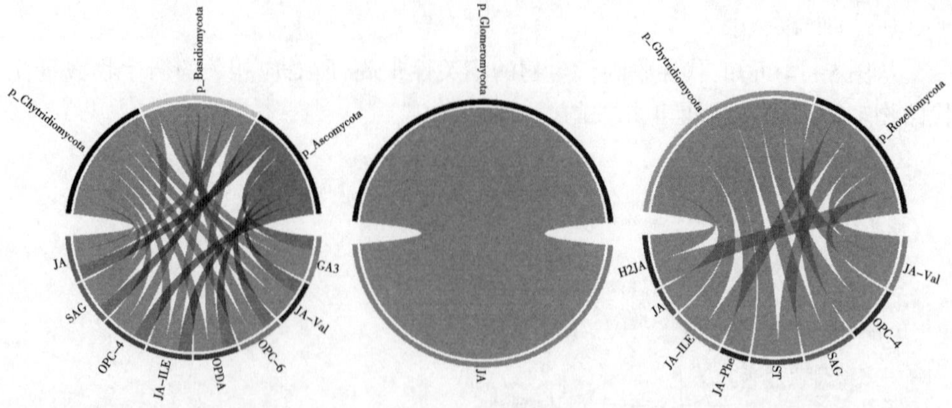

（1）Leaf_CK_vs_Leaf_S1　（2）Leaf_CK_vs_Leaf_S2　（3）Leaf_CK_vs_Leaf_S4

JA-Val—茉莉酸-缬氨酸；JA-ILE—茉莉酸-异亮氨酸；OPC-4—氧化戊烯基环戊烷丁酸；
OPC-6—氧化戊烯基环戊烷己酸；OPDA—12-氧-植物-二烯酸；GA3—赤霉素 3；
SAG—水杨酸-2-*O*-*β*-葡萄糖苷；ST—独脚金醇；Chytridiomycota—壶菌门；
Basidiomycota—担子菌门；Ascomycota—子囊菌门；Glomeromycota—球囊菌门；Rozellomycota—罗泽菌门。

图 5-13　门水平上的差异微生物与差异代谢物的 Pearson 相关性和弦图

七、相关性网络图

（一）定义

差异微生物与差异代谢物的 Pearson 相关性网络图，即利用差异相关性表中的 gene ID、meta ID、*P*-value、coefficient 绘制所得，其直观地展示了差异微生物与差异代谢物的相关性。

注：选取 Pearson 相关性 $|r| \geq 0.8$ 且相关系数显著性检验的 $P<0.05$ 的数据绘图。

（二）组成与含义

1. 组成

差异微生物与差异代谢物的 Pearson 相关性网络图中粉红色点表示代谢物，浅绿色点表示微生物，红色表示正相关，蓝色表示负相关，线条越粗表示相关性越大；动态网络图中节点大小表示度的大小，即连接的边越多，节点越大。

2. 含义

该图展示了不同环境因素对微生物适应性的影响，以及某个环境下占互作主导地位的优势物种、互作紧密的物种群，这些优势物种以及物种群往往对维持该环境的微生物群落结构和功能稳定发挥着独特以及重要的作用。

(三)解读

从图 5-14 可知,代谢物与微生物的相关性很高,所对应相关的微生物数量比代谢物多,且大多数都是正相关的。

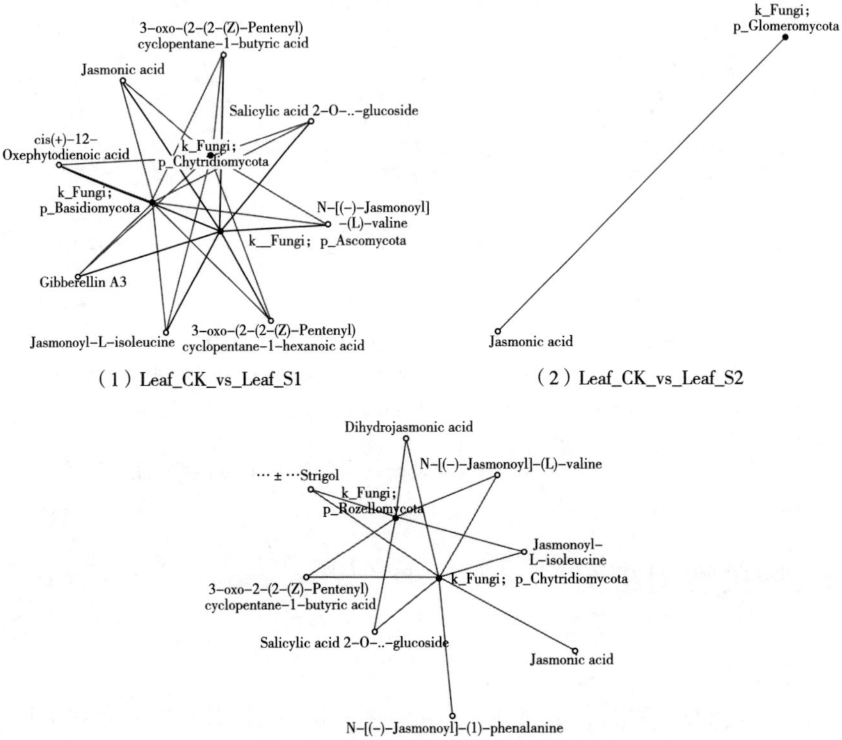

(1) Leaf_CK_vs_Leaf_S1　　(2) Leaf_CK_vs_Leaf_S2

(3) Leaf_CK_vs_Leaf_S4

JA-Val—茉莉酸-缬氨酸;JA-ILE—茉莉酸-异亮氨酸;OPC-4—氧化戊烯基环戊烷丁酸;
OPC-6—氧化戊烯基环戊烷己酸;OPDA—12-氧-植物-二烯酸;GA3—赤霉素 3;
SAG—水杨酸-2-*O*-β-葡萄糖苷;ST—独脚金醇;Chytridiomycota—壶菌门;Basidiomycota—担子菌门;
Ascomycota—子囊菌门;Glomeromycota—球囊菌门;Rozellomycota—罗泽菌门。

图 5-14　门水平上的差异微生物与差异代谢物的 Pearson 相关性网络图

拓展阅读

英文示例 5.12

第四节　典型相关分析

一、定义

典型相关分析(Canonical Correlation Analysis,CCA),即根据综合变量对两组学之间的相关关系来反映指标之间的整体相关性的多元统计分析方法。

注:CCA 使用 R 软件的 CCA 包实现。将差异代谢物和不同分类水平上的差异微生物先筛选 Pearson 相关性 $|r| \geq 0.8$ 且相关系数显著性检验的 $P<0.05$ 的结果,再对筛选得到的代谢物和微生物进行典型相关分析。

CCA 图,即对每个通路中的差异基因及差异代谢物进行 CCA 所得到的图。

二、组成与含义

(一)组成

CCA 图中以十字区分出四个区域,橙色点表示代谢物,蓝色点表示微生物。

(二)含义

由 CCA 图可知,在同一个区域内,距原点越远,相互距离越近,关联性越高,说明样本中基因与代谢物之间的相关性越大。

三、解读

由图 5-15 可知,在这 10 个对比组中的门、纲、目、科、属、种,橙色的点(图中空心圆圈)和蓝色的点(图中实的圆圈)大多数远离原点,表明微生物和代谢物之间的关联性较高。

拓展阅读

英文示例 5. 13

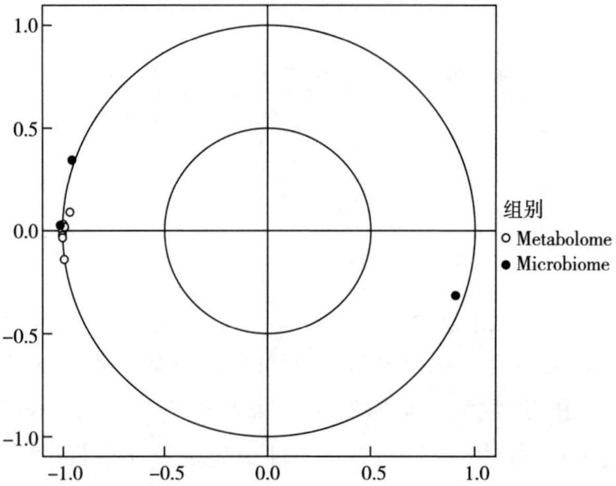

（1）Leaf_CK_vs_Leaf_S1

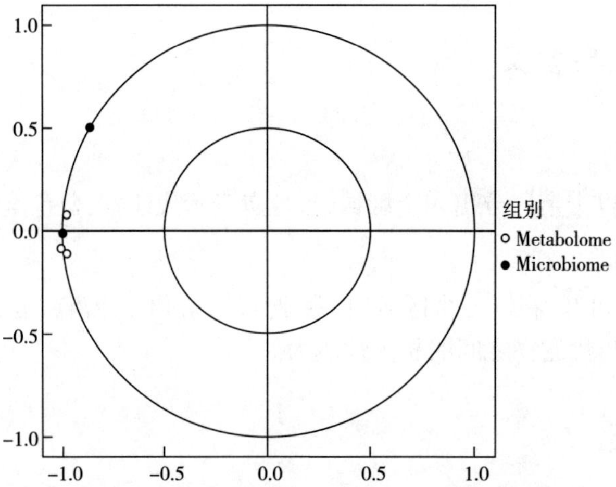

（2）Leaf_CK_vs_Leaf_S4

图 5-15　门水平上的差异微生物和差异代谢物的 CCA 分析图

参考文献

[1] LI L, KONG Z Y, HUAN X J, et al. Transcriptomics integrated with widely targeted metabolomics reveals the mechanism underlying grain color formation in wheat at the grain-filling stage[J]. Frontiers in Plant Science, 2021, 12: 757750.

[2] HESS M, SCZYRBA A, EGAN R, et al. Metagenomic discovery of biomass-degrading genes and genomes from cow rumen[J]. Science, 2011, 331: 463-467.

[3]XIAO L,CAO S,SHANG X H,et al. Metabolomic and transcriptomic profiling reveals distinct nutritional properties of cassavas with different flesh colors[J]. Food Chemistry: Molecular Sciences, 2021,2:100016.
[4]NING K,LU K K,CHEN Q,et al. Epigallocatechin gallate protects mice against methionine-choline-deficient-diet-induced nonalcoholic steatohepatitis by improving gut microbiota to attenuate hepatic injury and regulate metabolism[J]. ACS Omega,2020,5(33):20800-20809.
[5]PEI J,LI F,XIE Y H,et al. Microbial and metabolomic analysis of gingival crevicular fluid in general chronic periodontitis patients: lessons for a predictive,preventive,and personalized medical approach[J]. EPMA Journal,2020,11(2):197-215.
[6]HUANG W J,SUN D L,WANG R H. Integration of transcriptomics and metabolomics reveals the responses of sugar beet to continuous cropping obstacle[J]. Frontiers in Plant Science, 2021, 12:711333.
[7]WU W D,ZHANG L,XIA B,et al. Bioregional alterations in gut microbiome contribute to the plasma metabolomic changes in pigs fed with inulin[J]. Microorganisms,2020,8(1):111.
[8]LU K,ABO R P,SCHLIEPER K A,et al. Arsenic exposure perturbs the gut microbiome and its metabolic profile in mice: an integrated metagenomics and metabolomics analysis[J]. Environmental Health Perspectives,2014,122(3):284-291.
[9]MONSARRAT P,VERGNES J,PLANAT-BÉNARD V,et al. An innovative,comprehensive mapping and multiscale analysis of registered trials for stem cell-based regenerative medicine[J]. Stem Cells Translational Medicine,2016,5(6):826-835.
[10]庞新跃,张茵茵,李白茹,等. 广泛靶向代谢组学与转录组学联合分析胰蛋白酶对火龙果中抗氧化酶和饱和脂肪酸的调控[J]. 食品科学,2022,43(1):37-47.
[11]ILHAN Z E,DIBAISE J K,ISERN N G,et al. Distinctive microbiomes and metabolites linked with weight loss after gastric bypass,but not gastric banding[J]. The ISME Journal,2017,11(9):2047-2058.
[12]李富恒,张晓雯,张永芳,等. 不同发育阶段老山芹种子多组学联合分析[J]. 东北农业大学学报,2021,52(10):32-46.
[13]YANG P H,CHANG Y J,WANG L F,et al. Regulatory mechanisms of the resistance to common bacterial blight revealed by transcriptomic analysis in common bean (*Phaseolus vulgaris* L.)[J]. Frontiers in Plant Science,2022,12:800535.
[14]刘晓华,魏天兴. 高通量测序分析黄土高原退耕还林区土壤细菌群落特征[J]. 环境科学,2021,42(9):4489-4499.
[15]YU R P,WANG L P,ZHAO C K,et al. Determination of volatile metabolites in *Microcystis aeruginosa* using headspace-solid phase microextraction arrow combined with gas chromatography-mass spectrometry[J]. Chinese Journal of Analytical Chemistry,2020,48(6):750-756.
[16]梁丹丹. 代谢组学数据集成分析平台研究[D]. 上海:上海交通大学,2020.
[17]HAQ S M,YAQOOB U,CALIXTO E S,et al. Plant resources utilization among different ethnic groups of Ladakh in trans-Himalayan region[J]. Biology,2021,10(9):827.
[18]WANG W Q,XU D Y,SUI Y P,et al. A multiomic study uncovers a bZIP23-PER1A-mediated

detoxification pathway to enhance seed vigor in rice[J]. Proceedings of the National Academy of Sciences of the United States of America, 2022, 119(9): 1-11.

[19] LIU X X, ZHANG J G, LUO Y, et al. Metabolome and transcriptome analyses reveal tissue-specific variations in gene expression and metabolites of olive[J]. Journal of Plant Biology, 2020, 63(1): 73-82.